不辭職也能快樂！

20年上班族不當厭世社畜，升級理想人生的工作法

金旼澈 著　陳品芳 譯

前言

從工作中成長，這絕對不是假話！

在工作的同時，我們會獲得成長。

無論從事哪一種產業、與誰共事，都沒人能否認這個事實。工作帶來的成就感，輕鬆處理棘手任務的滿足感、靠一己之力促成某些事的自我效能感、與同事合力面對挑戰的歸屬感、從失敗中學到的教訓，甚至是各種不斷累積的訣竅，都能使我們成長。即便你有個莫名其妙的上司，這樣的經驗也能讓你領悟到「我千萬不要變成那樣」。也就是說，我們每天有一半以上的時間都奉獻給了公司，換取而來的代價可不只是每月固定入帳的薪水。當我們投入在工作上的勞動力高出薪水許多，也能從工作中得到超越薪水的回報。

我也一樣。二十年來不曾休息，一直都是個勤勤懇懇的上班族，持續成長至今。其實當一個上班族這件事從未在我的人生規劃裡，如果有人問我怎麼能當上班族這麼久，我可能會花很多時間思考答案。這會有明確的解答嗎？我確實需要這份薪水，偶爾獲得的成就感也十分甜美。文字創作這份工作很適合我，跟團隊一起實現某些事的經驗也令我悸動。但我同時也討厭上班，每天早上都在被窩裡哀號，若聽到別人講出令我自尊掃地的話，也會讓我彷彿墜入百米深淵。我總把「我很快就會不幹了」掛在嘴邊，如今大家都不相信我口中的「辭職」兩個字。說來說去，我只能確定一件事——**那就是我不會辭職，我會在這份工作的陪伴下，繼續度過每一天**。

當你對一間公司如此忠誠，待了這麼久，就會開始有人說這裡應該是你的「終身職場」。但現在都二〇二五年了，終身職場這個詞早已成為埋在地底的古代文物。現在要找到一個秉持這種信念、把一生交付給公司的人，大概比登天還難。我也一樣。我們跟以前的世代不同，不再像過去那樣試圖終生奉獻給公司。如今的我們，必須找出公司與自己之間最健康的社交距離，也要想想，如何讓公司跟自己獲得雙贏。

況且，既然沒有終身職場，那我也得找到能一直工作下去的方法，無論那份工作是何種形式。如果你希望自己能一直工作下去，那該怎麼做？我想，我們必須要有一份能讓自己成長的工作，也就是說，除了用你從事的工作持續養活自己，也要能提升自我。誰該這麼做呢？就是我跟你，我們都該這麼做！我相信即使每天要花費大半時間待在同一間公司裡，待到厭煩，一定還是有什麼方法能讓我們持續成長的。

也差不多是在這時，我開始寫這本書。在職場上，我一開始是個小小的廣告文案，後來成了頂著組長頭銜的創意總監（Creative Director）。我偶爾會花點時間寫作，不知不覺就成了出過幾本書的作家。乍聽或許會覺得我的經歷無懈可擊，但要是知道這番經歷背後的故事，你就會發現其實也沒有多了不起。

總之，我一路走到了這裡。很多人都問我是怎麼做到的。大家都很好奇在以忙碌出名的廣告公司上班，怎麼還有時間寫作？又要用什麼時間把這些文字編纂成冊？這或許要歸功於我個人的一步一腳印，但如果只是這樣也未免太無趣。如果大家都認為這樣的成果只因為我有多勤懇踏實，那就只能以「每個人想要的不同」下結論。所以我更想說，比起踏實的生活，我認為是「決心」造就了今天的我。我一直都有一個決心，就是要把滋養自我當成真正的「工作」。

為了堅守這份決心、為了今天也能在公司當個好組長，我持續努力著。要成為一位好組長的條件十分明確，那就是要打造一個好團隊。而我心目中的好團隊，是組員都能在不被逼迫的環境下盡到自己的職責，也要成為彼此最堅強的後盾。大家可以不用把精力花在無謂的事情上，而是用在處理更重要的事、創造成功的結果。我有這個義務打造出好團隊，畢竟組長不只是組長，更是團隊的一員。只要能在一個好團隊裡工作，那不光對組員好，對組長也很讚。

在公司裡，我們將一天的一半時間投資在一個好團隊裡，那離開公司之後呢？這本書將為我提出證明。

離開公司後，我可以滋養身為作家的自己。寫書這件事能否完成，全然取決於我。在上班之餘仍能持續出書，讓我發現自己在「創作」這份工作上，是非常嚴苛的雇主，也是相當乖巧的職員。我以雇主的身分持續鞭策自己寫作，也以職員的身分朝出書努力。你或許會覺得這怎麼能做得到，但對我來說，這其實是不得不的結果。即便已經下班了，為了讓我能繼續做自己喜歡的事，我就必須對寫作這件事付出真心。

這本書不是想講述什麼獲得偉大成就的方法。我想帶給讀者的，應該是了解一個人如何在公司裡，藉由工作度過充實的每一天，以及如何努力在工作中盡好自己的本分，並邁向每一個明天的奮鬥史。讓「公司的我」與「作家的我」成長的同時，我累積了許多訣竅。如果這能對其他人的生活帶來幫助，那是再好不過了。因為我就是這樣滋養著自己，邁向每一個明天。

當然，出書絕不是靠我一己之力就能做到的。光就這本書而言，就聚集了已經跟我合作第四本書的編輯金海英、長期在我的團隊工作、替本書繪製插畫的洪世真藝術總監的協助。如果不是他們鼎力相助，我絕不可能出版這本書，所以必須特別感謝他們兩位。另外，還有在工作中認識的傑出前輩、優秀後輩與令人感激的同事，才使我成長為今天的自己。多虧了他們，今天的我，也鼓起了今日份的勇氣努力工作著。在今日份的工作中，我懷抱著懇切的心情，期待自己也能有一定的成長。

目錄

Part 3
上班族資歷二十年，我還是有新發現

Part 4
為了理想人生，下班後也要繼續加油喔！

我今年真的會辭職。我·說·真·的。
大家聽好，我的目標就是辭職。我已經連辭職後要去哪裡旅行都想好了！
我滿腦子都只有辭職！難道你們不是嗎？
辭職也喜歡我嗎？我愛死辭職了。
這次我是認真的，我很快就會提離職。

PART 1

誰說社畜只能厭世？
讓工作滋養你的人生吧！

成為小主管之後

經歷專員、代理、次長、部長，我一路升遷，每次晉升都會拿到新名片，掛在辦公桌前的名牌也會跟著換新。晉升後的那一週，走到哪都會有人恭喜我。但老實說，我不覺得這是值得恭喜的事，畢竟我還是坐在同個位置、做同樣的事。當然，我說的話的份量會隨著頭銜改變而稍稍有些不同，負責的範疇也不太一樣，但與其說這是晉升帶來的變化，我更認為是時間帶來的改變。就這樣，在某一天，我晉升成了組長。

我曾經想過我到底該不該成為組長。不光是我，我相信每一位組員都曾經想過這個問題。每天看著自己眼前的組長在做的每一件事，我都會衡量自己的能力。我有能力做出那樣的決定嗎？我有辦法掌控這些事嗎？我能成為一位好組長嗎？會不會在我成為組長之後，我們團隊的表現就會荒腔走板？跟我一起工作的組員會有什麼感受？我的想像一個接一個。有些時候，我的能力似乎能超越組長；有些時候，我又被眼前的事嚇得魂飛魄散，只想找個地洞鑽進去。

唉，我這種人當什麼組長啊！一輩子當個組員才是最好的選擇。聽說一個日本的廣告公司職員堅決不當組長，一輩子都只做廣告文案。聽說他即使年逾六十，依然是這一行的傳奇，那或許才該是我的目標。

廣告公司的製作團隊由廣告文案和藝術監製組成，分別負責文字與圖像。這些人之中有少數會成為組長，掛上創意總監的頭銜。要等到掛上創意總監的頭銜，才算是完整掌控創意發想。我在還不知道自己有沒有能力當組長的情況下，就這樣成了創意總監。職場生活一路走來，我一直在想何時要辭掉這份工作，如今卻成為組長。這使我不得不逼自己用更大膽的心態面對工作，只能告訴自己「先試試看，大不了就辭職」。我決定鼓起勇氣成為組長，而這次的機會也可說是我與公司之間的輸贏。

秉持「持續突破」的心情，我睜大眼睛、握緊拳頭，全力以赴地扮演組長這個角色，沒想到一開局便遭遇難關。讓我最感慌張的竟然是組長這個角色……居然非常適合我！而另一件令我手足無措的事，則是這個世界上竟然只有我會因為這種事感到慌張。大家的反應都是「早就知道會這樣啦」，什麼啊？只有我不知道我適合當組長嗎？

其實我也不可能完全沒感覺到啦，畢竟我是個滿能客觀看待自己的人。雖然過去十二年都在當廣告文案，但我其實並不喜歡寫文案，也不是那種喜歡發想創意的人，偏偏寫文案、創意發想就是廣告文案的主要工作。即便不喜歡，還是得做。既然要當廣告文案，當然也不能當個創意發想、文案寫作都半吊子的傢伙，畢竟這是我的工作。不是興趣，而是工作。不是我花錢去做的事，而是我收錢在做的事，實在沒道理不把它做好，於是也只能不斷努力。創意發想對任何人來説都不容易，卻還是有許多同事樂在其中。我真的很羨慕他們，但人畢竟不會因為羨慕就喜歡上創意發想，這樣的能力本就不屬於我。

不過，我還是有我擅長的領域，有我喜歡且能輕鬆完成的事，那就是整理歸納。我一直都很仔細觀察我的組長（他就是撰寫《書即斧頭》與《八個單字》的作家朴雄賢），他總是讓我驚嘆。每當會議室裡充斥各種毫無關聯可言的創意、每個人都高聲主張自己的想法最好時，組長總能歸納出一個很有邏輯的結論，彷彿每個創意之間都有固定的航道連結。組長的發言就像摩西分開了紅海，掌控紛亂的會議室。他的話語所到之處，立刻便將我們毫無關聯的創意活跳跳地撈進他的網裡。我每次都無比佩服，也從中獲得許多。在他身邊工作的時間一久，不知不覺間我也學會了他的做法。我發現每個創意之間相連的路非常窄小，卻經常成為最關鍵的方向。每次進到會議室的我，説話都會更有力，歸納能力也變得更強。

歸納能力可不只在會議室發揮作用。在必須歸納大家的想法，向廣告主提案時，這項能力也會發揮功用。這時，我強大的責任感會跟歸納能力一起發威。團隊花了那麼長的時間努力想出點子，我當然有責任好好說明給廣告主聽。在組長與廣告主面前，我經常負責發表。這代表我有更多機會展現自己，也有更多機會失敗。發表的經驗一多，漸漸地無論面對任何形式的發表，我都不再緊張。

歸納能力與責任感，這兩種能力對我來說都是潛移默化的存在。當它們從某一刻開始化為我的優勢，那就是我成為組長的時刻。身為組長，我可以不必再為了發想創意而承受壓力，也不必再為一行文案懷疑自己的能力。我要做的就只是在開會時，歸納整理組員拿來的好創意；以及看著組員寫好的文案，跟他們一起煩惱是否能寫得更好，然後再最終定案。當然，把歸納好的想法跟企劃組分享、跟廣告主簡報，甚至是為提案負責，也都是我的工作，而這些對我來說並不困難。

差不多就是從這時開始，我再也沒把離職兩個字掛在嘴邊，畢竟，我已經轉職到最適合我的工作了——轉職成為組長。

對我來說這不是晉升，而是轉職。該做的事、該發揮的能力、該在乎的事、評價我的人、我被賦予的角色，全都不一樣了。當然，我的心態也不同了。這不是轉職，什麼才是？我雖然還是待在同一間公司，卻有種去到另一間公司上班的感覺，而這間公司比之前那間公司更適合我。

「怎麼辦？」

「什麼怎麼辦？」

「我什麼時候能辭職啊？組長這工作這麼有趣，害我不能辭職，怎麼辦？」

那位聽我高唱辭職之歌聽了一輩子的老組長莞爾一笑，碰了下我的杯子說：「人生會告訴你答案。」

他說這句話是要我別太擔心，覺得事情有趣就做下去，把自己交給人生的長河，如果覺得這樣下去不行，到時再去想怎麼辦就好。等漂到了某個碼頭邊擱淺，再去找答案不就得了？別急著現在就想知道每個問題的解答，人生自然會告訴你。

可惜的是，後來的人生讓我知道，組長這個角色並不如我所想得那麼簡單。組長不能只做歸納與負責。後來的我，數度認為自己能力不足，無法勝任這個角色。我好幾次想要逃跑，經常希望自己能忘記已經發生的事，卻還是會因為那些事在清晨驚醒，睜大了眼思考該如何是好。我常覺得無顏面對組員，更自責為何要埋沒我底下這些有才華的人。但即便有這麼多挫折，我依然無法否認，組長這份工作真的很適合我。雖然這份工作很難、很辛苦，不過，這世上有不難的事嗎？

現在，我的煩惱要邁入一個新篇章——我該成為怎樣的組長？

我決定用我的方式當組長，也決定當個遵循原則的組長。有本書叫《八年級生來了》，談論的主角是剛入職場的八年級生。可是在組長的領域，應該正是「七年級組長來了」的時代。我想當個有別於過往世代的組長。工作固然重要，但我自己也很重要。**在工作上獲得成就很重要，但我的生活幸福也很重要。**對我來說，讓「在公司的我」成長很重要，但讓「不在公司的我」成長也同樣重要。只要好好完成這個課題，會不會就能成為不同的組長？

這個問題沒有一定的答案，只能由我親自去找。

跟工作保持社交距離

又是凌晨三點，我的眼皮再度不聽使喚地張開。我閉上眼試圖再度入睡，但越努力，意識就越清醒。昨天那個惱人的問題立刻在腦海中浮現。

「我應該這樣說才對，那個部分看起來好像有問題，但實際上不會造成問題。這個看似有問題的地方，反而是那件事的特色。要怎麼說服對方接受呢？首先要讓對方回想起大前提，再次說明我們的想法……」

一旦腦袋開始運轉，就再也停不下來。接下來兩個小時，我時而在腦海中修改白天要寄的信，時而整理接下來跟客戶見面時，必須成功說服對方的說詞。有時我會在凌晨三點睜眼，開始思考前一天沒能解決的問題，而那件事的癥結點偶爾會跟著睡意一起煙消雲散。能解決問題固然是好事，可為何偏偏要在凌晨三點？幾小時後我就得起床去上班，還有堆得像山一樣高的待辦事項等著我，如果想好好處理這些事，我現在就得睡覺啊！只是睡意與我焦急的心背道而馳，早已飛到九霄雲外。

我這輩子從沒有過這種經驗。我是一躺下就能立刻睡著，一到早上便能一秒醒來的類型，無論周遭環境再吵雜都不會被吵醒，睡眠能力不是普通的厲害，朋友總對我入睡的速度感到驚奇，非常羨慕我。即使是白天，只要覺得有點累，那無論是在辦公桌前還是計程車上，我也能立刻入睡，就算不到十分鐘後醒來，就是充飽百分百電力的模樣。沒錯，我曾是公認的睡神。之所以使用過去式是因為在成為組長後，我幾乎失去了這項能力。

我一直認為組長這個工作很適合我，也對自己能跟工作保持適當距離十分自傲，因此現在這種情況更使我難堪。現實中的我，將工作與私生活分得很開，但我的潛意識想必不知道這件事。即使下了班、入睡後，我的潛意識依然繼續工作，還白目地在凌晨三點把我叫醒。有時候它會高喊：「白天遇到這個問題，你該不會忘了吧？」有時則是興奮地大叫：「找到答案啦！快起來！」

當然，我的潛意識會如此囂張，也是因為我一直都是這樣訓練它的。畢竟我不能因為明天會議上要報告的提案還沒想出來、文案還沒寫出來，就每天待在辦公室加班。那些上班時一直盤踞腦海一角的公事，被我帶著一起下班。我會在跟老公喝酒喝到一半時想到一句文案、會在洗澡或散步時冒出一個靈感，尤其在逼近會議時間的早晨，地鐵上的我總會文思泉湧（會議就是這種可怕的東西啊，各位）。偏偏當我坐在辦公桌前有意識地要求自己想個點子時，就什麼都想不到，非得要在做其他雜事時才會靈光乍現。我想這是創意的特質所致，而我的意識也深知這點，才會有意無意把工作都交給潛意識處裡。這個習慣在我成為組長後依然延續，並以凌晨三點讓我睡意全消的方式折磨我。

聽說凌晨三點準時睜眼只是小兒科，每個當上組長的朋友都有一樣的症狀，過勞成了組長的基本配備。但我非得忍受這種狀況嗎？我本以為只有藝人才會得恐慌症，沒想到當上組長的朋友也有不少人出現類似問題。有些人說他們會在地鐵上莫名昏倒，還有些人說當壓力大到一個程度，會突然聽不見，盡是些駭人聽聞的故事。即使去看醫生，很多症狀也說不出個原因。不，我想大多數人都會斬釘截鐵地說壓力就是始作俑者。一想到這，我突然害怕起來。但幸好我沒生什麼大病，凌晨三點醒來或許只是潛意識給我的訊號。它在說：好累、壓力好大、再這樣下去絕對會出事。

新人時期的我，始終把「希望這份工作成為使人生更美好的手段」掛在嘴邊。看到同事跟前輩會刻意強調自己不是上班族，而是廣告人，我總在心裡告訴自己「我是一個上班族」。我想避免那種自我膨脹的心態，好像在告訴旁人，自己不懂上班族有多麼拚命，還顯露出一種認為廣告人高人一等的優越感。我認為，正因為我把自己定位為上班族，才更能把廣告做好。尹汝貞[*1]女士不也說過，他不是藝術家，而是職業人士。所以每一句臺詞他都必須花時間練習，才能好好演出。我必須誠實、必須完美，因為這是我的工作。

我回到原點，而且初衷不變，依然是「希望這份工作成為使人生更美好的方法」。我依然期待自己會在該離職時離職，也希望在職期間不要太痛苦、要更幸福，不要因為疲倦或其他外力而辭職。我必須安撫凌晨三點把我喚醒的這顆心。有人建議我運動或冥想，而我決定選擇最適合我的方法，那就是說話。我決定在壓力累積到潛意識之前，就先說出來抒發。

我不喜歡跟人見面，也懶得聊天，不過在我心中還是有一些例外的對象，那就是老公與我的組員。我每天要跟組員緊緊黏在一起九個小時，而剩下大多數時間則是跟老公一起度過，所以只要跟他們訴說就好了。

每當遇到一個小煩惱，我都會跟組員討論，組員也會輕輕鬆鬆三兩下就幫我找到答案，讓我發現那根本不是什麼大不了的事。而需要花時間思考的事，我也不會自己一個人抱頭苦惱，而是會把組員召集起來做個簡短的討論。一個人要費盡力氣才能解決一個問題，但好幾個人湊在一起，問題很快就迎刃而解，讓我很快地看見了希望。回家後，我會把今天發生的事當成下酒菜，一邊吃晚餐一邊說給老公聽。當然，順序也可能完全相反。有時候我會在與老公對話時獲得答案，然後隔天在跟

＊1：韓國演員。以《夢想之地》獲得奧斯卡最佳女配角獎。

組員吃午餐時分享。

這樣會不會讓組員壓力很大啊？其實我也不知道。記得有一次，我跟一個很沒禮貌的人開會，走出會議室我便朝組員發洩我到達臨界值的壓力。

「奇怪耶，他怎麼可以這樣？你們有看到他剛才那個態度嗎？怎麼有人這樣講話啊？氣死我了，我本來是不打算放過他的，但想到你們，就還是忍下來了。你們有看到他的組員的表情嗎？天啊，有這種組長真是丟臉死了，誰還想在那工作啊？好了，不說了，呼。（大大嘆了口氣）我不能為這種事生氣，我不氣了。」

「……你都已經氣完了啊。」

組員們輕描淡寫地丟下這句話，便沒再搭理我，直接走回他們的位置去了，而我則笑嘻嘻地跟在他們後頭。這些壞傢伙，都不知道組長有多難當，講話還這麼不知修飾！

我知道即使我已經隨時都在解決問題，但只要遇到大事，我依然會在凌晨三點義無反顧地醒來。現在我不會再努力逼自己入睡，而是會慢慢處理心中的困擾。究竟哪裡有問題？這是需要有壓力的事嗎？那要怎麼解決呢？我偶爾會像這樣，凌晨三點一個人坐著，嘗試解決組長生涯中遇到的困難。但這可不是我一人的煩惱。等天一亮，會有組員跟我一起解決問題，他們會給我勇氣，他們會告訴我，我徹夜想出來的答案是對的。首先，我打算跟在他們後頭，跟他們維持適當的距離，而那也恰好是我心中，工作與我之間的理想距離。

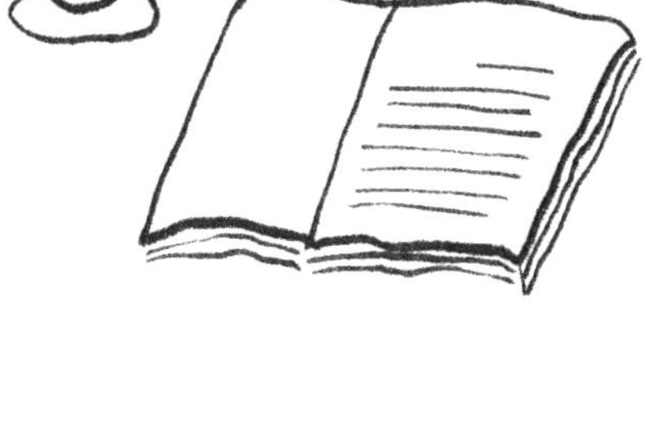

當組長真好

組長～！
明天提案簡報加油喔！
雖然要用英文提案，但我
們相信你可以！那我就要
準時下班了啦～
明天上午的提案……
今天大概沒辦法睡了……

當組長真麻煩

計畫趕不上變化的職涯人生

其實一開始，我不打算當上班族太久。我敢發誓，真的沒有。我原本打算一輩子都要鑽研哲學，因為哲學是我的主修，而且很有趣。也多虧了這一點，即使沒有要考試，我也經常泡在圖書館，甚至跑去找教授問說能不能先旁聽研究所課程。我曾經哭著寫信給媽媽，說我知道家裡經濟情況不好，但我真的很想讀書，我會想辦法解決錢的問題，求他讓我繼續讀。你可能會很好奇，怎麼會有一個人這麼愛讀書？但這世界就是一種米養百種人，那個少數可能就是我啊。總之，大學四年一直是書蟲模範生的我，在大四那年暑假，突然一個想法閃過我的腦海。

「等等……如果我像現在這樣，研究所也繼續讀哲學的話……這輩子可能沒辦法當個普通的上班族了。」

雖然我不覺得自己非得要有職場經驗，可一旦有了這個想法，就很難將它甩開。於是我決定，去上個班看看吧。就上個三年，再回學校繼續讀書就好。我趕緊修正人生規劃，並且發揮凡事都要詳細規劃的特質，考慮到各種變數，歸納出四個可行方案：上三年班並一邊準備留學、上完三年班後去讀研究所……還有哪些方案？無論剩下的方案是什麼，我可以確定它們都沒有用，因為這四個計畫最終都半途而廢，我的上班族生涯則要邁入第十九個年頭。順帶一提，「一直當個上班族」這個方案打從一開始就不存在。

雖然決定要踏入職場，卻不知道什麼公司適合我，也不知道怎樣的公司會願意接受哲學系的我。我必須客觀審視自己。記得國高中時期曾有人建議我去讀師範大學，當時的我在做決定前認真思考了自己的個性適不適合當老師。我是個喜好分明的人，對人尤其明顯。客觀來看，我可能會成為偏愛極少數學生的老師，於是我放棄了師範大學。我也聽過有人建議我去讀醫學院，但想到我那慘不忍睹的成績，以及比那更驚世駭俗的爛記憶力，就也放棄了醫學院。既然我喜歡讀書，我決定去讀最根本的事物，因此選擇進入哲學系。我就是這麼擅長客觀看待自己，我決定在就職前，再次發揮這樣的特質。

1. 我有特別出眾的才能嗎？

－沒有。

2. 我有比別人更優秀的能力嗎？

－應該是閱讀跟寫作能力吧。上大學後開始培養閱讀的興趣，自然也有了寫作的習慣。

3. 有沒有能證明這些能力的方法？

－沒有。我沒有發表過任何文學作品，更沒寫過什麼小說。

4. 有特別關心的事嗎？

－我對繪畫很感興趣。去歐洲旅行時，也會特地去美術館。我喜歡電影，曾擔任電影試片員，負責看還沒上映的作品。我也喜歡音樂，因為媽媽是鋼琴老師，所以一直在能接觸音樂的環境裡。

5. 這可以說是一種能力嗎？

－好像很難。喜歡繪畫、電影、音樂的人又不只有我一個。

6. 我渺小的能力、我喜歡的事物，能對怎樣的工作帶來幫助？

有這樣的工作嗎？我想想我知道的職業……似乎少到一隻手就能數完。要從這寥寥無幾的職業中選出適合我的，已經超出我的能力。那時，我想起過去曾與我擦肩而過的夢想——廣告文案。如果當個文案撰稿人，是不是就能發揮我這些粗淺的能力？畢竟一則廣告裡既有文字、有圖像也有音樂，似乎剛好跟我的條件不謀而合。一想到這，國中曾短暫擁有過的夢想瞬間就成我的渴望。

不過，當時在徵文案撰稿人的公司只有三間，如果全被刷掉，我就無處可去了。在不安的驅使之下，我多投了幾間公司，投著投著才發現我一口氣丟了五十封履歷，卻沒有一間公司跟我聯絡，真的一間也沒有。我每天都哭著寫自我介紹耶，居然是這種結果？終於，在我開始求職幾個月後，有一間小小的點心公司找我去面試業務。

我穿上正式服裝，與一群年齡相仿、穿著相同的人，彆扭地排排坐在面試會場裡。其中一名面試官問道：

「如果你去家門口的超市，發現我們公司出產的冰淇淋被放在冰櫃最下層，你會怎麼做？」

其中一人舉手，流暢地回答問題。接著另一個人舉手，他的答案霸氣十足。接著是我，我……我發現自己一點也不在乎這件事。接下來的問題也是一樣，在超級無感的狀況下，我都隨便回答帶過。會有這樣的結果似乎是當然的，畢竟當時我心想無論什麼公司都好，一定要被錄取，所以在沒有顧及興趣與過往經歷的前提下，亂槍打鳥地投履歷。是我的焦慮造就了現在的情況，我沒能相信過去的自己。求職過程中，我一直深深埋怨自己沒有東西能寫在履歷上，最終造就這個結果。

離開面試會場後，我下定決心，雖然沒有值得寫在履歷上的經歷，但大學四年我可是過得比誰都認真。我不停閱讀、寫作，也認真讀書。雖然沒人知道，但我自己知道，如果沒有人相信這樣的我，至少我得相信自己！直到最後，我都一定會相信自己。我反覆咀嚼這句話，擦乾眼淚，再度打開求職網站。

「影像製作」四個字，使我注意到一間名不見經傳的小公司。我不假思索地送出履歷應徵，因為那看起來似乎比較接近文案撰稿人這個夢想。那間公司錄取了我，而我也立刻答應去上班。我沒有其他替代方案，因為只有這間公司給了我「錄取」兩個字。那是一間小公司，正因缺人手而苦苦掙扎。因此到職後的我幾乎沒有下班時間，大概每四十八個小時才下班一次，這樣的生活整整過了一個月，甚至還有過星期五晚上睡下去，星期天晚上才醒來的經驗。我在那裡撐了一年，接著開始擔心再這樣下去我說不定會死。這樣的擔憂驅使我再度打開求職網站，這次我看到了徵求新文案撰稿人的公告。

於是我騙公司說我生病了，並利用這個時間跑去參加另一間公司的筆試。我擔心著沒做任何準備就跑去考試不知道行不行，卻也不知道文案撰稿人的考試該從何準備起。看到考卷擺在我面前，我決定什麼也不想，但奇怪的是，考卷上的問題我都會寫。我振筆疾書，考完沒多久便收到合格通知，那次面試的合格率是兩百比一。

後來我才知道，朴雄賢組長負責那次筆試的出題並親自批改，最後也是他選了我。他告訴我，他是以「雖然對廣告一竅不通，對其他事情卻有相當廣泛的認識」為標準選了我。到職後的第三個星期，組長告訴我「有個跟你很合得來的前輩會加入」，他所說的那個人就是金荷娜前輩（是我在文案領域的前輩，後來也出版了《兩個女人住一起》和《關於說話》（暫譯）兩本書，是位跨領域的作家）。組長是朴雄賢，前輩是金荷娜，我至今仍認為，我人生大多數的運氣都在那時候用光了。

當時的我每天都像在作夢。我非常不知道害臊地，無時無刻都在前輩面前說我覺得自己好幸福。實在沒有不幸福的道理！一起在公司打拚的人，時時刻刻都能為我開啟新的一扇門，帶我看見前所未見的世界。在此之前，我從來不知道人生能有這樣的喜悅，更不明白那是什麼滋味。

也是在那時，我體會了在好天氣裡到戶外喝啤酒的感受、首次嘗試在爵士樂的陪伴下品嘗威士忌的滋味。最重要的是，我體驗到反覆咀嚼一句好文案，感覺共鳴在內心深處轟隆作響，隨後又如一陣夏日微風輕輕拂過心頭的暢快感。原來一個人遇見一個好創意會感到頭暈目眩、心情彷彿置身原野般舒暢。我想停留在這裡，想一直跟這些人待在一起。真的可以這樣嗎？這樣的我，真的可以嗎？

加入新公司後的初體驗不僅止於此。金錢萬能的世界也令我驚奇。其實我並不認為自己會在公司待很久，二十出頭的我憂鬱、悲觀、經常躲在黑暗之中。我認為像我這樣的人，不可能適應長時間待在公司明亮燈光下的生活。不過，這都是因為我不明白金錢的偉大力量。這不是誇大也不是反諷，正如字面意義所述，成為上班族後的我，著實為金錢的力量所震懾。

「你以為錢是萬能的嗎？」大家都這樣吶喊著，導致我也這樣想。畢竟愛情、友情、家庭都是錢買不到的。可是當你連一點小錢也拿不出來時，真的無比痛苦，甚至無法叫苦。我無法對朋友叫苦、無法向媽媽叫苦，因為我的自尊不允許我露出一點痛苦的模樣。但我並不是想說錢使我憂鬱，也不是想訴說錢造成的困擾。我只是想表示，當時我從來不覺得沒錢是件不合理的事，也沒有多餘的力氣細細品嘗沒錢帶給我的影響。

開始上班後，最令我驚訝的是，錢竟能連我的憂鬱都治好。十幾、二十歲的我被憂鬱纏繞，但憂鬱感在開始工作後不知不覺變得模糊。原來那股憂鬱是源自沒錢嗎？我無法簡單做出結論，卻也無法完全否認。在我開始上班後，家人緊急求助時、朋友家中發生意外，都能靠我的貸款擺平。朋友遲來的人生挑戰也恰好遇上我的定存到期，讓我能拿出手上的錢去幫他。**這時我才明白薪水的力量、每個月都有固定收入的力量。**就連一度懷疑「是否真的只要有錢就能解決」的問題，也都用這些錢擺平了。多虧這些經驗，我終於明白「錢非萬能」這句話其實是要告訴我們，錢雖無法解決每一件事，卻能解決大部分的事。

雖然我看起來並不把錢當一回事，其實我認為錢非常重要。上一個月的班，就能有一個月的薪水，也代表我能負擔得起一個月的餐錢、酒錢、房租、交通費、電影、約會、興趣、閒聊與樂趣。我不想說自己很愛錢，在別人面前談錢也不是我的喜好，但錢讓一切變成可能的世界，我覺得十分美好。

我可以在朋友考試合格時帶他去吃昂貴的迴轉壽司，可以在書店不假思索地買下幾本書，可以請男友吃飯、喝咖啡、喝酒，可以一天連看四部電影也不需要擔心存摺餘額。你或許會問，難道就只因為這些小事我就滿足了嗎？但這點小事對我來說是極大的奢侈。人們口中真正的奢侈，並不存在於我的夢想之中。下個月會有下個月的薪水進帳，那能夠實現我下一個月的夢想。我的夢想平凡得驚人。

我以為自己是為了自我實現而選擇工作，以為自己找到了符合自身興趣、能力與夢想的工作。但與此同時，工作帶給我的穩定報酬也使我更能抬頭挺胸，這是無可否認的事實。工作是我現實生活的基礎，也是我每天身處的環境。那使得這個生活基礎變得更紮實、讓環境對我來說更舒適，就是我最重要的課題。要完成這件事的不是別人，而是我自己。

我開始第一次想長久地做一件事，開始希望自己能這樣開心地一直賺錢下去。工作有趣、與前輩相處愉快、組長有能力，薪水也會按時進來，我別無所求。於是我全面修正自己的計畫。來，要出發囉，讓我們開開心心地賺下去吧。雖然我以前的規畫都化為烏有，但現在我希望自己能堅持到最後。這個堅持是為了誰呢？

當然是我自己。

如何在六點準時打卡下班

「你很常加班吧？」

「我通常六點就下班了。」

在我的職涯中，上面這段對話不知重複過多少次、重複了多少年，從我還是新人時一直到現在，這段對話從來沒改變，年復一年上演，而我的回答也總是讓人們感到吃驚。這確實值得驚訝，畢竟我還是新人時，看到前輩六點就準時下班也很手足無措。來到這裡之前我所待的公司，是個把凌晨兩點下班當家常便飯的小公司，所以六點下班的文化如地震般撼動了我整個人生。是真的要下班嗎？我也可以走嗎？我是新人，也可以六點下班嗎？但這樣走掉，明天開會怎麼辦？大家都是在家裡想創意嗎？廣告公司不是要熬夜做創意發想的地方嗎？每天我看著前輩們下班的背影，獨自將內心的一百個疑問吞下肚。走過那段充滿疑問的新手時期，如今我也開始將六點下班這件事，設為本組最不容妥協的首要原則。

新調來我們這裡的人，沒待幾天就說：「組長，工作密度太高了……雖然我以前待的組也是一天到晚把好忙好忙掛在嘴邊，但我從來沒有忙成這樣過。」

我們是個無時無刻都在為了六點下班而拚命的團隊，他們會感到陌生也很正常，要熟悉這樣的地殼變動確實需要一些時間。但隨著時間流逝，對話的內容開始改變。

「我好像要死了，我們要這樣到什麼時候？」

「我昨天跟朋友講電話，我說工作多到快要死了，結果他問我：『那你週末得去公司加班囉？』我說：『沒有喔，我週末不上班喔。』他又問：『那你是每天都加班嗎？』我說：『沒有耶，六點就下班了。』結果朋友超無言，還懷疑我是不是真的很忙，我也太冤枉了吧！」

「呵呵，明明沒有加班，但六點下班回家後，卻累到連手指都動不了。」

「真的。我昨天回家後，直接在地板上躺了兩個小時，連吃飯的力氣都沒有。」

這也是為什麼我雖然六點下班，但平日沒事不會約人碰面的原因。通常到了六點，我一天的能量就會耗盡。而這似乎不是由於我年紀大體力差，因為新人也跟我說：

「組長，我一到六點就累到不行。下班後感覺魂都飛了。」

大家都是這種狀態，讓我覺得自己該做點什麼。於是我問組員，上班時間大家放輕鬆點，保留體力慢慢把事情做完，偶爾加個班好不好。結果大家異口同聲地回：

「組長，你有時間想那些有的沒的，還不如多做一件事咧，快點啦。」

我們無法放棄六點下班，只能把每天傍晚六點設定為死線，將工作切成碎片，想盡辦法塞進每一天的工作時間裡。我們會一口氣安排七、八個需要長時間討論的會議，有時則會連續多天安排好幾個十分鐘的會議。如果有人說要晚上開會，我們會仔細分析行程表，看能不能擠出二十分鐘，把會議安排在白天。大家會重新安排、執行、整理自己的工作，不讓新的行程影響到既有的事。過程中我們會無奈地嘆口氣，再趕緊去處理下一件事。之所以會這樣無奈卻認份，是因為大家知道**每一場延後十分鐘的會議、每一個遲到的判斷、每一個不思進取的回應，都會成為加班的理由，對接下來的每件事產生蝴蝶效應。**在上班時間裡若有任何一點妥協，就必定要加班。全體組員都把六點下班當成潛規則銘記在心，時時刻刻繃緊神經努力工作。

記得曾有一間公司舉辦社訓募集比賽，最終獲得第一名的那句話，突顯了我們這個團隊面對工作的態度，我也把它貼在我的辦公桌旁邊：日職集愛，可高拾多——對每天的工作投入更多愛與關注，便可提高做事效率，讓自己拾取更多收穫。

我們對工作投注大量的愛，朝著準時下班奔去。當然，即使這麼拚了，偶爾還是會遇到不得不加班的日子。加班已經夠委屈了，下班後還得跟一群醉漢搶計程車，真是苦不堪言。有時候，我們會在午夜帶著微笑跟對方道別，並相約幾小時後再見。有時我們需要週末加班，有時需要在下班後仍用通訊軟體討論到深夜。通宵拍攝更是家常便飯，甚至要在剪接室裡坐到清晨才能離開。廣告這份工作本就無法避免上述這些狀況。只是我們小心翼翼，即使面對這些狀況，也絕不讓工作搶走生活的主導權。我們不是被工作牽著鼻子走，而是將控制權握在手裡。我們會自己判斷，若希望工作能順利進行，今天是否非加班不可？這是我的工作，工作的主導權應該掌控在我手上。

偶爾，隔壁的組長會偷偷跟我說：「聽說你們組的人昨天加班到很晚。」

我擔心他們不知加班到幾點，便跑去問了一下，得到的回答大多是：「我要把那個〇〇〇做完交出去，然後就走啦。」

如果是一個被工作牽著鼻子走的人，可沒辦法給出這種簡單的回答。那樣的人總會把重點擺在抱怨工作有多棘手、自己做得有多辛苦。可是上面那個回答可不一樣，那不是要讓組長知道自己有多辛苦，而是老實告訴組長，昨天發生了這件事，所以不得不留下來加班。這個答案讓我們知道負責這件事的人很有責任感，以及加班與否的主導權牢牢握在他手上

遵守六點下班這個原則，並不代表即使有工作沒做完，還是一到六點就閃人，工作沒做完卻準時下班是不負責任的。這個原則也不是要大家為了在六點下班，工作就隨便虛應故事，那是一種無能的展現。沒有不負責任也並非無能，卻能在六點下

班，需要的是決心，是時刻都繃緊神經面對工作，**每一刻都在尋找最有效率的方法、不讓工作入侵私領域的態度，是生活主導權掌握在自己手上的宣言。**我們會加班，但我們明白為何要加班、明白加班代表什麼意義。不理解加班所謂何意的懵懂無知，必須在新人時期便徹底了結。這是我的工作，連我都不知道它何時會結束，那又有誰會知道？若工作的主導權不握在我手上，那又是在誰手上？

這就是我們把六點下班視為職場生活第一目標的原因。因為人生屬於我、我必須成為這段人生的主宰，如果我不這麼做，那麼工作便會厚顏無恥地占據主導之位。這會使私生活領域的自我悄悄崩塌，職場上的自我會堂而皇之地取代。我們一直以來都從很多不同角度、事例看到一些被工作主導的生活，那些生活看似充實、很有能力，實際上卻華而不實。

「我最近工作好多，一直在加班。」

仔細觀察會說這種話的人吧。乍看之下是在抱怨，其實經常是在用「加班」，來表達他們想凸顯自己多有能力、對公司多麼忠誠。畢竟，還有什麼比加班更能讓人有成就感？可是我們不該沉醉在虛假的成就感之中。

「我也不想加班，但實在是沒辦法。」

聽到有人說這種話，大家肯定都心知肚明，這可不是什麼沒辦法的事。過於鬆散的討論、太過悠閒的工作態度，或是不立即做出艱難的決定，刻意想在他人心中營造好人形象等，一點一滴累積起來，都會造成必須加班的結果。於是不知不覺間，「不得不加班」便可能成為職場如影隨形的標籤。想必大家都很清楚，人之所以會一直加班，其實是因為這個人自己選擇每天加班，而不是因為工作量太多。

我們必須記住。上班族的三大樂趣是薪水、午餐時間以及準時下班。前面兩點公司會顧到，但可沒有公司會注重準時下班這件事。準時下班應該由我，不，應該由我們、由所有人一起團結爭取才對。六點之後，看是要去喝酒、找朋友、運動、學烘焙還是發呆，都由自己決定。

時間一到，我們就該說聲「那我先走囉」並離開辦公桌。必須營造能讓大家說出這句話的氣氛，那把鑰匙雖然握在組長手上，但光靠組長一人是無法成就這種風氣的。團隊中的每一個人都必須在快到六點時擺出背水一戰的架式，時間一到就立即起身。假使我一個人無法帶起整個團隊的氛圍，還是能讓所有人知道我的態度，要瀟灑且果斷地讓大家看見「我把我的工作做完了，六點就要離開了」。想主導自己的人生，這是最低限度的條件。

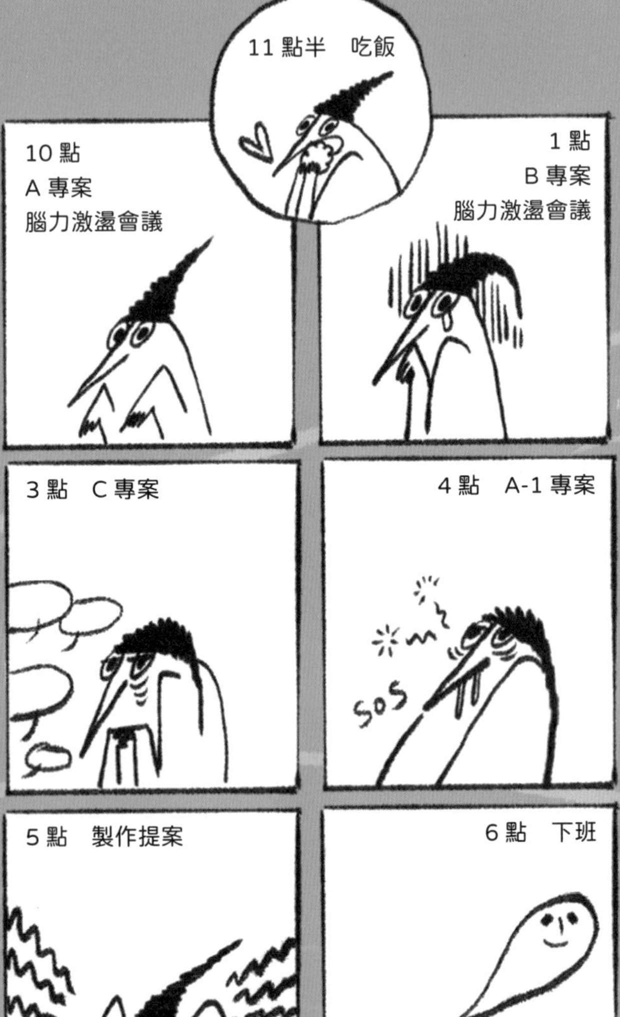
11 點半　吃飯
10 點
A 專案
腦力激盪會議
1 點
B 專案
腦力激盪會議
3 點　C 專案
4 點　A-1 專案
SOS
5 點　製作提案
6 點　下班

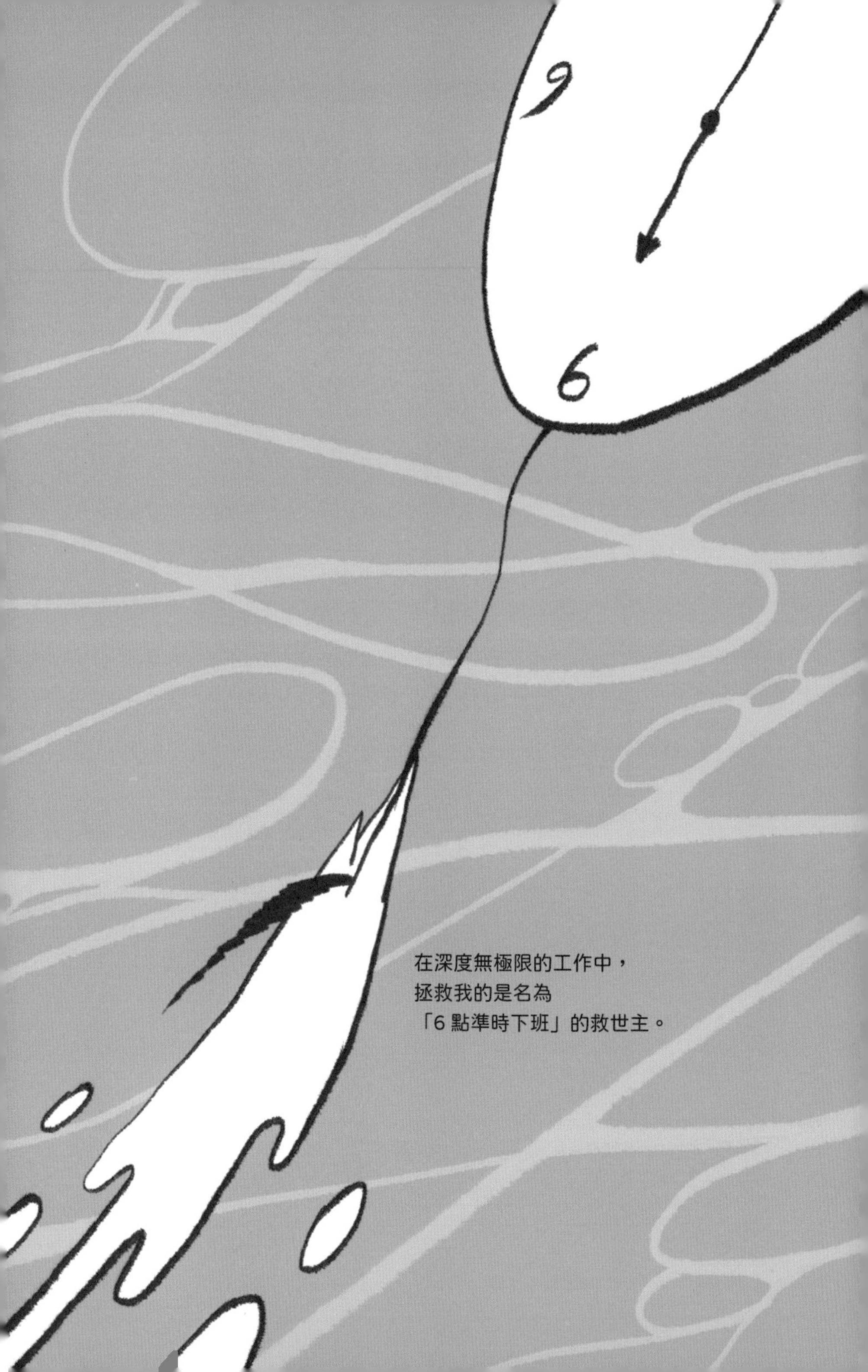
9
6
在深度無極限的工作中，
拯救我的是名為
「6 點準時下班」的救世主。

別被工作搶走了你的主導權

工作這傢伙，就是冷酷不講理，只要稍不留神就可能擊垮日常。工作手上能出的牌非常多，例如「現在立刻」、「明天一定要」、「無論如何優先處理這件事」。它總會拿著這些卡牌出現在我們面前，纏著我們要立刻照顧它的需求，嚷嚷著：「赴什麼約會啊，我比較重要啦！」「你以為你能丟下我去旅行嗎？」「你不想趁今晚提高一下我的完成度嗎？」它會質問我們，為了尊貴的它加個班，甚至犧牲休息時間是理所當然。但若這樣聽從它的每一個指令，我們的自我會蕩然無存。

在工作量始終繁重的廣告公司任職十幾年——準確來說是努力了十幾年，我一直在避免自己被工作踐踏，如今我也稍微明白要如何不讓生活被工作占領。你也需要這個訣竅嗎？雖然沒什麼特別的，但我還是介紹一下吧。

我想建議大家「因數分解工作」。就算你數學不好，也不用一看到因數分解這個詞就哭喪著臉。其實我只是希望這個訣竅說起來更厲害，才取了這個名字，但所謂的訣竅，就只是拆解工作而已。就像把章魚剁碎一樣，把工作切成細小的碎塊，用以分散工作的力量。

就用「電視廣告製作」來舉例吧。想製作一則電視廣告，就必須進行拍攝，想進行拍攝，就必須先找到導演，想找到導演，就必須先歸納好電視廣告需要的創意，想要歸納創意，就必須開腦力激盪會議。就是想辦法將製作電視廣告這件巨大的事，切分成好幾件小事（當然，實際上會切得更碎）。

如果我們一直只看著最終目標，當然會很有壓力，不曉得該從哪裡擠出時間、從什麼地方開始著手。但我們也可以選擇將事情一再切碎，直到覺得這點事應該應付得來的程度。就像在面對偏食的孩子時，會把特定食材切得很碎、藏到看不見一樣。如果工作讓你倍感壓力，試著將工作細分化吧！你說你已經在用這個方法了嗎？我覺得這很正常。我不是說了，這不是什麼特別的祕訣。而且無論一件事再龐大，只要用上這個方法，那它也是囂張不起來。

將工作切碎後，還需要做另一件事，那就是「回推」。一旦有新工作來到我們手上，我們會聚在一起翻月曆安排行程，用「回推」這個方法。看到前一個階段的方法。可能有些人已經猜出來了，所有行程都必須以從遠到近的方式安排，因為沒有人想立刻開始工作，總是會習慣性拖延一下。因此一開始的進度安排得鬆散一點，是人之常情。所以如果從最靠近現在的行程開始安排，越到後面時間就越可能不夠，因此一定要回推行程。從距離現在比較遠的行程開始安排，每個行程的時間都抓鬆散一點，等回推到現在時，就會知道自己必須立刻開始著手處理。

我們不該看心情工作，而是該把工作當成一種義務，因此必須選擇以回推這種手段進行必要的工作排程，避免造成過度延宕。例如先定好電視廣告播放的時間，就會知道如果想準時播出，至少得提前一週讓廣告主試看。而如果要讓廣告主試看，最晚得提前一天錄音。剪接得在錄音前完成，所以如果希望剪接及時完成，則至少要在一週前開拍……用這種方式持續推算，回推到最後，就會知道必須何時開始發想創意。接著把這些時間再度切碎，先安排第三次腦力激盪會議，再回推安排第二次、第一次的時間。

其實我知道在進行工作安排時，讓組員面對最大難題的通常都是我。因為面對工作排程，我腦中的悲觀主義者總讓我覺得即使安排好了，也肯定會發生變數，如果後面不多留一點時間，以後說不定會很痛苦，所以現在應該要立刻把時間安排得緊湊一點。這些想法一再反覆，最後迫使我跟大家說：

「我們不要拖太久，就明天來簡單地開個會吧。」

我很清楚站在組員的立場，「簡單的會」絕對不簡單，卻還是經常脫口說出這兩個字，讓組員直搖頭。這種狀況一再上演，最近組員甚至會開玩笑說：「組長，你的MBTI是ASAP[*2]

吧。」

「哎呀，應該是喔！」

我是ASAP型的組長，其實我也可以自己把行程安排得很緊湊，再單方面通知組員，要求大家無條件聽從。但我還是選擇大家一起安排，這是因為大家一起排行程的優點比較多。首先，這能避免漏掉事情，因為大家會交互確認。第二，可以同步檢視其他專案，甚至是每個人的私人行程，對工作安排進行最精密的調整。第三，大家可以分擔對這份行程的責任感與自律性。這樣的行程安排方式，能讓我們肩負起務必守時的使命感，剩餘的時間也能讓大家各自安排。

我想再強調一次，**之所以要花時間將大事情因數分解、回推，轉化成密密麻麻的排程，都是為了削弱工作的力量。**如果說有誰極度想阻止工作掀起滔天巨浪，徹底吞噬我們的日常，那個人絕對是我。不光是因為我是組長，更因為我比誰都想好好打理我的生活。這不是因為我下班後想做多了不起的事，就算我只是躺在電視前面玩手遊，我也一定要有自己的自由時間，這樣才能讓我得到喘息。因此，這個過程是為了團隊著想，也是為了我自己。

我知道如果把決勝日定得太遠，人很容易拖延。雖然我感覺自己只要偶爾加把勁，應該也可以跑完42.195公里的全程馬拉

＊2：As soon as possible 的縮寫。

松，但我並不相信「感覺」。如果是我自己一個人的工作，或許還能拖到最後再一口氣拚完。但這可是公司的事，是與客戶之間的約定，我可不能只跑到39公里，還假裝自己已經跑完。因此必須用回推的方式，在沿途每一公里處設下哨兵。我跟組員協商，每天只要固定的距離，要求大家就算再累也要在今天內走到下個哨點。偶爾遇到還剩下一些體力、靈感爆發的話，或許能多走一段路，但不會勉強自己。我更傾向要求自己依照設定好的排程做事，好好分散工作時間。

視各位的工作，我的訣竅也可能行不通。大家也可能在各自的工作中找到屬於自己的訣竅。無論什麼方法都沒關係，只要記住你想透過這些訣竅達成什麼目標就好。別讓工作把主導權搶走，工作的主導權必須由自己掌握。

對我來說，（　　　　　　）比工作更重要。括號內的東西，就由各位自己填吧！

帥氣的女子組誕生

那是好久以前的事了。某天公司問我要不要轉到女性組長底下。當時我說：「女組長底下的女文案，該不會以後都只給我們化妝品或內衣之類的案子吧？這樣的話我不要轉，抱歉。」也不知公司最初的意圖是否真是如此，但這個提議最後無疾而終。

隨著時間流逝，我也成為了組長。本部長為了讓我瞭解組內的人員配置，便把我叫過去。好緊張。我通常不太會緊張，但這是我這輩子第一次要帶人，實在很難不緊張。

「敃澈的CD組成員啊，最後決定是Y部長、S次長、P專員和H專員。」

「咦？怎麼都是女生？」

「你這麼一說，我才發現真的是這樣耶。」

這次我也只問了一件事：「該不會只讓我們做以女性為主要族群的案子吧？」

「怎麼會？這樣安排沒有任何用意。」

這個安排確實真的沒有任何用意。後來的幾年，交給我們的專案證明了這一點：家具、金融、營養品、IPTV、飯店、食品、化妝品、汽車等，不會讓人覺得是專門鎖定特定性別的廣告，都交給了我們，真是太幸運了。

但與此同時，我覺得我的反應確實代表了某種真實存在的狀況，畢竟一直以來，已經看過太多血淋淋的例子。對女性刻意的工作安排；在意料之中的不合理事件；明明是打壓，卻說是當事人反應過度；要求女性職員別太感情用事，有工作就要感激的荒唐告誡等。我曾經透過新聞看見、從朋友那聽說，不分產業、不分年齡，只因身為女人就要承受這些攻擊。射箭的人說他們從沒射箭，為何挨箭的人卻這麼多？

有一天，我在電梯裡遭遇了意外的「攻擊」。

「唉唷，好可怕！」

看了看四周，發現只有我、我的一名組員，以及剛才說出那句話的男性，總共三人在電梯內。所以剛才那句話就是衝著我們說的。等等，我們走進電梯時有怒氣沖沖，還是大聲罵人嗎？都沒有，只是邊聊天邊走進電梯而已。兩個女人進電梯是很可怕的事嗎？如果來了一個很凶惡的男人走進電梯，他也會這樣大聲說好可怕嗎？當然不會。那他說這句話的意圖究竟是什麼？是想藉著好可怕這句話讓我們安靜？還是希望我們乖乖聽他的，還是他根本不知道自己想要什麼，只是想隨便用言語攻擊我們？他這種反應，是在赤裸的表達自己厭惡一個不溫順乖巧的四十歲短髮女子嗎？是什麼樣的既得利益者，能讓他這樣毫不在乎地表達自己的厭惡？我的思緒越來越混雜。光是兩個女人搭電梯就讓他覺得很可怕嗎？他一點都不覺得丟臉嗎？我們氣勢有那麼強嗎？那要是五個女人湊在一起，他該有多害怕，要讓他見識一下嗎？

「哇，你們整組都是女的耶。」有段時間，我們每次進會議室都會聽見這種話。幾年後，大家習慣我們這五個女人後，公司又來了一波人事調動。有些人離開，我們自然也補進了相應的人數。組員依然全是女的，全女子組再次誕生。

「這次這組也全都是女的耶。」雖然這次也同樣有人特別提起性別組成這件事，卻沒有成為公司內部長期的話題。不知不覺間，人們開始將這件事視為理所當然。

神奇的是，大概是從這時開始，我遇見了許多同伴，在意想不到的地方，而且比想像中更頻繁。例如我去跟廣告商開會，發現對方也全是女性，那可是從沒見過的情景。開心之餘，我忍不住說出：「哇，我們全是女的耶。」

對方回答：「大事當然要交給女人來做。」大家一起笑了出來。

後來跟另一家廣告商開會也遇到相同情況。發現在場都是女性、彼此互換一個微笑的瞬間，奇妙的氛圍開始在我們之間形成。我們的肩上有了與眾不同的責任感，我們再也不是異類。名為我們的風景，正逐漸成為日常。

當然，當我們把事情全部釐清，要跟上級報告時，就一定會出現男性高階主管。即便廣告的主要目標族群是二十至三十歲的女性或極度重視女性觀點的商品，由男性高階主管做決定的情況也不曾改變。為什麼呢？我們似乎早該迎接改變，但我們的前面卻沒有女性前輩。我如此迫切渴望能遇上一位讓我甘願追隨的女性前輩，卻始終沒能如願，這讓我感到有些鬱悶。

不過某天我突然領悟，雖然沒有傑出之人為我開闢一條羊腸小徑，但還有平凡的我們共同開創的康莊大道。我不該只把目光放在遠方，試圖尋找先驅。如果把目光轉向身旁、看向身後，就能找到並肩同行的我們。就在身旁、就在身後，浪花不斷翻滾。若有這麼多人，我們將會成為彼此的浪。乘著那道浪，我們會歡快地帶著更多女性前往更寬廣的地方。

二〇一〇年溫哥華奧運上，NBC電視臺的解說員表示，花式滑冰選手金妍兒帶來無與倫比的完美演出。解說員驚呼：「What a woman!」（多麼棒的女人！）「像個女人」這句話，有時代表「安靜、體貼、親切」，這是自古流傳下來的含意。但現在，「像個女人」已成為「帥氣、傑出、果敢、冷靜、勇敢、完美、藝術」的代名詞。開拓這個可能性的不是別人，就是女人自己。每一天，每個人，在自己的崗位上。

「這組把事情都做完了，大家都是很優秀的女人。」

「跟那組一起做事，感覺真的很不一樣。」

「你們是女子組嘛，希望你們一定要把事情做好。」

成為女子組的頭頭之後，我得到無數的稱讚與支持，但我不想把我們的組員侷限在這些框架中。因為即便我們在工作時從不曾特別意識到自己的性別，即使每次做出成果後得到的稱讚，總會與女性的身分牽扯在一起。我們正在自己的位置上，試著將「像個女人」的含意，改變成「無論被交付什麼事情，都能夠做得開心、做得完美」。

同期給予的勇氣與力量

公司曾有一個叫「八〇咖啡聚會」的組織。當時我們這些一九八〇年代生的人才三十出頭，在各組都還是最年輕有活力的大腦。雖非公司刻意為之，但神奇的是幾乎每一組都有八〇年代生的女文案。大家負責的客戶各不相同，共事的組長、組員個性也完全不同，我們卻因為「都是八〇年代生的女性文案」這個共通點而聚在一起。第一次聚會那天，有人帶了一個八〇年代生的業務來，有人則帶了八〇年代生的女性藝術總監來。超過十名八〇年代生女員工齊聚一堂。當時全公司上下也不過兩百人，這絕不能說是個小數目。

公司裡有位組長曾說：「哎呀～那個聚會應該是公司最大的組織吧？也讓我參與一下吧。」不過即便身處一個龐大組織，其實我們頂多三、四個月聚會一次，聚在一起也沒做什麼特別的事，頂多找個有桌子的地方吃吃飯、喝喝咖啡而已。如果約在午餐時間，總會有一、兩個人因公無法出席、或是有人吃飯吃到一半要衝去找客戶、也會有人到了飯後咖啡時間才匆忙出現。雖然全部到齊的機會渺茫，但在同一間公司裡有年齡相仿的朋友，就足以令人感到踏實。

其中有兩個人是我特別仰賴的對象，他們卻不約而同在同一天向公司提離職。原因各不相同，一位是先生被派到海外，另一位則是「畢業」（他說就像從學校畢業一樣，是從公司畢業的意思），為了做自己想做的事。雖然兩人辭職的理由截然不同，對我來說卻具有相同的意義——糟糕，本來就沒有多少朋友，現在又一口氣少了兩個！沒過多久，八〇年代生的文案便全都離開公司了。這本來就是個流動率高的產業，許多人換到其他公司當組長，也有人是因為孩子大了而離職。基於各自的理由，女性朋友接連從公司消失。最後該聚會成員目前依然留在公司的人只有一個，那就是我。

在職場上，人際關係固然重要，我卻是非常不擅社交的人。都踏入職場二十年了，為何我的社交能力依然沒有長進？意識到這一點，最難過的人肯定是我自己。當然，我對公司裡的人際關係也十分消極。我無法主動跳出來邀別人吃飯，下班後約同事出去喝酒更是高難度挑戰。所以「八〇咖啡聚會」這種讓我不必主動出擊就能結交其他女同事的場合，對我來說十分珍貴。我不必做太多努力，就能獲得眾多女性朋友，那份喜悅至今仍難以忘懷。而如此踏實的喜悅消失時所帶來的失落，始終揮之不去。

我相信每個人肯定都經歷過這樣的時刻。看到這麼多同事一個一個消失，你意識到自己腳下的路越來越窄時，我們會開始思考自己究竟該專注在哪個方向、繼續走這條路是否真的正確。有時候想著想著，會突然發現一個在這條路上一直陪伴我們的人。我也發現了這個人，他的存在對我來說宛如奇蹟，他就是唯一一個跟我同一年進公司的人。

同一年進公司的就只有我們兩個。因為那年，公司只錄取了一名文案與一名媒體企劃，所以只要我們兩個聚在一起，就能達成「同期聚會出席率百分百」的目標。而且我們兩人都沒離職，也就是說二〇〇五那年到職的員工，至今都沒有離職。

有一次，這位朋友跟我說：「姐，我們在這間公司上班的時間，等於是我們一起上了小學、國中、高中跟大學耶。」

「對啊，都第十七年了，到底是怎麼回事？」

「我們現在已經上研究所囉。」

「哇……什麼時候才能畢業啊……」

時間還真是可怕。我們曾經覺得彼此個性差太多，難以變成好朋友，最終卻因為時間而緊緊綁在一起。多虧了時間，我有了能長期待在一個人身邊好好觀察她的機會。我看著她結婚、生子、復職、因找不到保母而急得跳腳、披頭散髮地衝去接孩子。有時候她本想喝口咖啡休息一下，卻因幼稚園老師來電而手忙腳亂。我看著她送老大上學、送老二上學……我就這樣守在一個焦頭爛額的媽媽身旁，靜靜看著她為了同時扮演好母親與上班族的角色，無時無刻都在放棄、都在忍耐，那是我無法想像的。

或許是因為廣告公司的工作特性，公司裡很難找到母親，卻有許多父親，也許是因為這樣，更讓我覺得這位同期能兼顧職場與家庭，實在偉大。縱使我有點擔心同期會為超人症候群所苦，幸虧她的睿智出乎我的意料。她總能了解自己需要哪些政策的支援，會主動蒐集資料再將這些資訊告訴公司。在不讓自己太過辛勞的前提下，畫出自己的底線。

我也近距離見證了同期在工作中成長的模樣。我是她的同事，已經從很多地方了解到她出眾的能力。可是每次我們一起出去做競標提案時，她那胸有成竹又沉著的模樣，真是無比迷人。

「妳會不會太帥啦！真的超超超棒。」

「真的嗎？太好了，我超認真準備的說。」

「妳真的是最棒的。哇，我真的愛死妳了，同期最棒。」

我們的通訊軟體對話視窗總是只有簡短的對話，像是「咖啡？」「好」或「午餐？」「好」，還有「屋頂？」「現在出發」等。現在我如果說午餐有約，組員根本不會問我要去跟誰吃飯。他們都知道組長的社交圈有多小，小到幾乎只跟一個人有連結。天氣好的時候，我們會買三明治配咖啡，到漢江邊那張屬於我們的長椅吃飯。很久很久以前，我們都還只是最低階的專員，現在都已經成了中階主管，話題自然逐漸變成職場生活的價值與難處。幸好我們所屬的部門沒有直接的關聯性，因此沒有機會對彼此心生怨懟，再加上我們對工作的態度十分相似，對話也不需要繞得太遠。

跟她聊天時我總會想，身邊有一位值得尊敬的同事真不錯。我們的個性、行事風格截然不同，做事方式、擔任組長這個角色的決心也都不一樣。我的緊張與煩惱，同期會用樂觀的話語鼓勵，她受到委屈，我則代為打抱不平。偶爾她會成為一位傑出的老師，給我許多真摯的建議。當她說：「姐，下次你就改改這個部分吧，改一下比較好。」我便會成為乖巧的學生，點頭回應她。她偶爾會化身賢明的導師來開導我，我總是會用手機將她說的話記下來。

兩位截然不同的組長於午餐時間湊在一起，試著讓對方染上自己的色彩。吃完午餐後，我們將對彼此的建議銘記在心，再度回到自己的崗位，以自己的方式扮演組長。可以的話，我會努力聽從她的建議。而如果對方有好成果，第一個站起來為彼此拍手叫好的自然也是我們，那是我們發自內心的反應。

如果有誰要針對公司的人際關係給我一些建議，我不會多說什麼，只會跟那個人介紹我的同期。這樣一位同事所帶給我的勇氣，相當於數十位同事所能給的份量。我們依然在這條路上相互扶持，時時刻刻依賴彼此，以各自的方式在這條路上堅持著。

坦率比完美更重要

有些事必須在誤會加深前說清楚。因此我要先說，本書有很大一部分寫的都是「金敃澈筆下的金敃澈」。我很可能徹底掩蓋了我的缺點，把自己寫得比真正的金敃澈更好、更有用、更有魅力。我想說的是，如果讀者因為這本書就誤以為我是個完美組長，那可就傷腦筋了。我絲毫稱不上完美，在我身上沒有任何特質能讓這個詞成立。坦白說，我這個人漏洞百出，時時刻刻都在暴露自己的破綻。多虧了這些破綻，風才能穿透我這面牆，讓我的組員知道在面對我時不能得過且過，要打起十二萬分精神跟我相處。我就是這樣一位需要大家費神的組長。我最大的問題就在於我一點都不打算掩飾自己的問題，至少在組員面前是如此。就在這裡列一下我最常說的話吧。

「是我寫了這個文案嗎？我怎麼都不記得？」（我怎麼會不記得自己寫的文案跟別人寫的文案呢？組長真的可以這樣嗎？我是怎麼靠這顆腦袋在這間廣告公司生存十九年的？真是世紀謎團。）

「我聽不懂耶，抱歉，請再講一次。」（我在開會時總是全神貫注，試圖理解每一句話，卻還是經常聽不懂。慚愧的是，每次開會我一定會講這句話。）

「例如說？」（這句話我每天會講幾十次，跟前面那句話脈絡相同。是我在無法理解狀況時講的話，通常代表我想像力不夠，因此要求他們舉幾個例子讓我可以想像。）

「我不知道我昨天做的決定對不對。因為……」（雖然已經決定，但無法百分百確信。這不是在轉嫁不安，而是為了跟大家討論來堅定自己的信心，是一種自我合理化的行為。）

你或許會想，這些有什麼問題？老實說，我也是這樣想的，這又不是什麼多誇張的發言。但其實這些話雖然長得都不一樣，卻有著相同含意，都是在告訴組員：「很不幸，你們的組長並不完美。」

這個訊息會在許多時刻，以不同形式原封不動地分享給每一個人。我只希望組員能比任何人都清楚我的優缺點，而組員也可以展露自己的優缺點，讓我們彌補彼此的不足。就像齒輪一樣推動彼此，讓工作順利轉動。而我覺得這個想法現在確實執行得很徹底，因為我經常聽到組員跟我說：

「組長，妳又忘記這個了。」

「要是照組長說的去做，好像會有點怪怪的。」

「我有點不太理解這是什麼意思，這樣跟一開始講的方向不一樣啊。」

「（有別於擔憂的組長）我覺得這還不錯啊。」

每次聽到這些話我都會想，我真的好幸運！在被其他人發現自己的不完美之前，總是有組員能替我補足缺失，我可能是最有福氣的組長了。

許多人當上組長、成為管理階層時，都會不時提及自己遭遇的困難。很多人會說「我只想繼續在基層工作，不想當主管」，其實我很懷疑有多少人是真心的。

「你這是真心話嗎？身邊的同期都開始當組長了，只有你一個人在基層，這樣也沒關係嗎？你相信自己不會感覺挫敗嗎？」大家都應該弄清楚「不想當主管」這句話真正的意思。它其實隱含著「我沒有信心當個完美的組長」的意思。更深入地說，這句話充斥了擔憂。大家都擔心「要是我做不好怎麼辦？如果我帶著大家一起失敗怎麼辦？如果我不是有能力的組長怎麼辦？如果組員討厭我怎麼辦？」

所以每次聽到這種煩惱，我都會建議大家坦率地表達自己，讓大家知道組長不完美。**請接受吧，組長不可能完美。**誠實地把在工作上遭遇的困難說出來，把你的擔憂跟組員分享。這樣一來，組員就會彌補你的不足，而你也會發現團隊合作越來越密切且順暢。

在一個團隊裡，坦率有許多可能的形式。例如有不太適應團隊的組員時，我會選擇坦率面對。如果我視而不見或用其他方式來彌補他的不足，都會導致團隊合作從他開始出現裂痕，而這個裂痕也會逐漸蔓延到全組。在事情變嚴重之前，應該把這個人單獨找來，先聽聽他說些什麼。

無條件傾聽是首要之務。了解對方在什麼地方遭遇困難、是否有什麼私事讓他無法適應、他對近來負責的業務有何想法。聽完他的說法後，再去說明希望這個人在組裡擔任的角色、他在哪些部分沒能滿足期待、希望他朝哪個方向努力等。不要摻雜個人情緒、批評或挖苦，試著以坦白的方式說出來。當然，一次的溝通無法成就永遠的改變，但我不會就此放棄。我會盡量給予對方直接的回饋，想辦法讓對方有所改變。

坦率展現自己、做出反應、分享狀況、給予回饋，結論自然就會是未經任何修飾的好。我如此相信著。在彼此都坦率的情況下，組員不需要擔心組長是否另有盤算，組長也不需要懷疑組員如何看待自己。我們都專注在工作上，坦率地把意見說出來、坦率地給予回饋。即使當整個團隊一起面臨危機，我手中的武器也只有一項，那就是坦率。

就拿最近發生的一件事來舉例吧。我們努力了九個月，最後卻沒得到理想的成果。這令人難以接受，也讓我整夜沒睡。其實這跟我們的能力無關，就連公司的企劃組、甚至總經理也直接點明了。但我們還是會受傷，一直在想：「我做錯了什麼？如果提案時我換個方式講，結果會不會不一樣？」想著想著，我想到了組員。「該如何把這件事告訴大家？該用什麼方式告訴他們，才能盡量避免他們受到傷害？」我煩惱了一整晚，最後得到的答案只有一個：坦率地告訴他們發生了什麼事、當時我的反應為何、公司以什麼態度來處裡、我如何接受這件事。就直接告訴他們吧，他們聽完後會自己判斷的。而他們得知狀況後的反應，也證明了我的判斷是正確的。

「他們運氣很差耶。」（竟然沒能辨識出我們這樣的寶藏。）

「組長，我們來做其他有趣的專案啦。」（我們有這樣的能力啊。）

我徹夜未眠、一臉憔悴、情緒不穩且聲音顫抖，是組員安撫了我。就連過程中我覺得自己有錯的部分，他們都一一反駁，說這不是組長的錯、不是我們的錯。

在Google時，我的老師弗雷德・科夫曼為了與被許多上司誤會的「工作態度」對抗，總是一再強調：「要以完整的自我面對工作。」

——金・史考特《徹底坦率：一種有溫度而真誠的領導》

完整的自我、完全的自我，而非完美的自我。與其強迫自己做個完美的組長、與其渴望成為以一當百的組員，不如讓我們在職場上展現最坦率的一面。因為我不是完美的組長，因此總能隨時接收組員最直接的回饋，每一刻都能得到讓自己更臻完美的機會。讓我獲得這個機會的不是別人，正是我的組員。我很高興，也很慶幸。

面對工作，我們需要的是安全感

1

「喂！你剛剛那樣……」

組長的一句開場白，瞬間使車內的坐墊變得像刺蝟。無論車內的人與剛才的錯有沒有關，所有人都如坐針氈。組長開始追究責任，犯錯的人始終不敢抬頭。身為別組的組長，我只能努力強迫自己看向窗外，不去參與這件事。這個錯有大到需要罵得這麼兇嗎？更何況車裡還有其他後輩跟別組的組長在，需要罵這麼久嗎？

我們再來看看其他的例子吧。

「嗯，那件事根本是你搞錯了。」

我有點懷疑自己的耳朵。這是一個組長該對組員說的話嗎？甚至還是在其他公司的外人面前？如果組員對這個專案有什麼錯誤認知，那組長也該負起部分責任吧？最重要的是，在眾目睽睽之下，竟用這種方式不留情面地駁斥組員的意見，這樣怎麼能期待每次開會時，組員真心誠意提出意見呢？甚至還希望大家都能跟其他組的組員一樣，每次都拿出有創意的點子，如果真希望如此，那你的態度是不是有什麼問題？

要細數組長用各種方式把組員逼入絕境的事蹟，我幾乎可以講上一整晚。組員會犯錯、組長也會犯錯，組員失言、組長也會失言，組員不完美，而世上也沒有完美的組長。既然如此，那組長究竟該用什麼態度面對組員犯錯呢？如果覺得這個問題很難回答，不妨問問你在面對自己的錯誤時是什麼態度？或許就不難想出答案。

我希望大家能反求諸己，不是要大家對下屬犯的錯睜隻眼閉隻眼，也不是要大家包容做事態度敷衍塞責的下屬。而是問題有很多種處理方式，看是要私下把犯錯的人叫來訓斥，還是就事論事地點出問題，或是乾脆由你自己把所有事情擋下來，連提都別提下屬犯的錯。答案有很多，但有些答案明顯是錯的。例如侮辱他人、過度批判、踐踏他人自尊等，都是絕對不可以的行為。為什麼？**因為組長必須讓組員在團隊裡感覺到自己是安全的。**

2

我很喜歡一個故事。是傳奇的爵士演奏家，賀比．漢考克（Herbie Hancock）與邁爾斯．戴維斯（Miles Davis）某次一同演奏時，戴維斯的演奏逐漸邁向高潮，漢考克卻意外彈錯了一個和弦。漢考克立即意識到自己的錯誤，用雙手懊悔地摀住了自己的臉。而奇蹟就在這瞬間發生了。本以為戴維斯會因為這個錯的和弦短暫停止演奏，沒想到他竟一絲停頓也沒有，立即接著演奏下去，試著把漢考克彈錯的和弦變成正確的和弦。漢考克後來解釋，戴維斯沒有把這個錯誤的和弦看成一個錯誤，而是將它視為演奏的一部份，並試著以他的方式對這個和弦做出回應。

這件事之後，漢考克有把戴維斯當成能扭轉任何錯誤的天才，毫無反省之意，肆無忌憚地繼續犯錯嗎？以常識來說，漢考克絕不可能這麼做。這件事之後，他反而更尊敬、感激戴維斯，不僅更專注在演奏上，也更享受演奏。或許他在那之後的演奏中又試圖做了些大膽嘗試，因為他知道只要跟戴維斯一起演奏，他是最安全的，不必擔心一犯錯就毀掉演出。戴維斯的臨場反應帶他走進了一片開闊的原野，讓他有更多空間能夠發揮。

當然，其實這一切都是我的猜測，但我覺得我應該沒有猜錯。因為漢考克至今仍是爵士演奏界的傳奇，為了成為傳奇，勢必要冒險，他不可能跟大家一樣選擇最安全的路去走。

這種事難道只會發生在像戴維斯跟漢考克這些天才藝術家身上嗎？我不這麼認為。至少就我所見，雖然沒有這麼誇張，但在一個好的團隊裡，這樣的事情屢見不鮮。我曾見過組員犯了錯，其他組員不僅沒有誇張的反應，甚至還去安撫他，告訴他多虧了這個失誤，才讓他們得到現在的成果，並將一切成功歸功於犯錯的人。我也曾見過團隊裡有成員生氣時，其他人雖然有些手足無措，但還是會試著安撫他，而非事不關己的旁觀。還有，當他們看到組長因為覺得自己犯了大錯而氣得跳腳時，則會用比平時更沉著的態度出面收拾殘局。在相互扶持的過程中，大家都會學到一件事——在這個團隊裡，每一個人都是安全的、我在這個團隊是安全的、我要相信這個團隊，盡到自己的責任。**安全感並不是交給某個特別傑出的人負責，而是由每一位成員時時刻刻展現的態度營造出來的。**

3

作家丹尼爾・科伊爾（Daniel Coyle）在他的著作《文化密碼：成功團隊的祕密》中提到，為了尋找打造成功團隊的線索，他花了三年時間探訪全球首屈一指的成功團隊。從矽谷到NBA、從Google到美國海軍特殊部隊。最後他歸納出打造成功團隊的三個要素，而其中最重要的因素便是「你在這裡很安全」的歸屬訊號。打造成功團隊的鑰匙竟不是團隊成員的能力與資質，而是「安全感」，這實在令人意外！

其實會有這個結論並不難想像。如果身處一個組長不知何時會攻擊自己，只能戰戰兢兢度過每一天的團隊；身處一個組員只顧相互競爭的團隊；身處一個只要犯點小錯，就會立刻被大力抨擊的團隊，那自然無法放心工作，更無法坦然說出想法。即使腦中突然閃過什麼想法，只要一想到「說出來可能會被別人講得很難聽」，就會使人卻步。在這樣的團隊裡，即便有人發現問題，也不會主動出面解決。更可能因為「這樣下去事情可能會全部落到我頭上」的心態，決定視而不見。這就是因為他們覺得在這個團隊裡，自己並不安全。說得更準確一點，是他們不知道自己會在這個團隊待到什麼時候，這樣令人不安的環境，自然會讓人不願意積極，一有機會就想離開。

4

「安全感」不只在人犯錯時能派上用場，更是在工作中不可或缺的感受。如果有人團隊裡覺得不安全，其他人就必須一再重複做同樣的事，也會讓團隊莫名的經常加班，這些不必要的時間浪費，會占掉很大部份的上班時間。就讓我來舉例給你看吧，想必這些都是你在職場上也曾遇過的情況。

職場上有一種人，當你想取得他的簽核時，最重要的不是你準備的內容好不好，而是他今天的心情好不好。隨著這個人的心情變化，專案可能會觸礁，也可能平安通過。專案的命運就像風中殘燭，從來沒有一刻安全。

還有另一種人。明明一開始是要你用A方式去完成這件事，但當你把成果送到他面前時，他卻怪你沒用B方式去做（明明他也沒說要用這個方式）。這種人會以自己的方法和標準強迫別人聽從，但事情完成後又有很高機率批評別人。他們給你的回饋你常常無法同意，每次交出成果他都會要求修改內容，然後又告訴你說這東西很急，要你盡快完成，可是經過這番折磨，你已經失去了做事的動力。

這種人非常多，他們內心的標準是一個飄忽不定的靶子，組員做出來的結果沒能正中紅心，他們就會一竿子打翻一船人，劈頭就說你很無能，好像他們才是世界上最有能力的人。可是這些所謂的有能之人，會隨自己的心情推翻先前的決定。無論那個決定多麼無理，他們都打從心底認為別人必須無條件聽從。但是需要為決定負責時，這種人又會退居幕後，把組員推上第一線戰場。

這些人都是危害團隊安全的因素。無視程序的指示、受心情影響的決斷、無法做完自己份內的工作，只顧著揣摩上意等，我相信你一定能舉出更多例子，因為這種人實在太多了。最諷刺的是，這些該為團隊營造安全氛圍的人，經常成為使團隊陷入危機的主因。他們簡直是職場流氓，造就許多職場生活的悲劇。

5

所謂「安全感」是一種信賴感，是讓人認為自己在這個團隊裡很安全的感受。當一個團隊讓人感到安全，便會覺得無論提出什麼意見都能被接納、無論遭遇什麼困難都有人一起解決。營造這種氛圍的不一定要是組長，也可以是座位在隔壁的前輩、對面的後輩。即使他們反對你的意見，你也不需要因此受傷，因為那不是在攻擊你，而是為了使團隊創造出更好的成果。假使你真的錯了，也不會使你的地位動搖，更不會因此被趕出團隊。你在這裡是安全的，大家只需要在各自的位置上，打出你認為最好的那一顆球，也會有人為你接住這顆球。

身為組長若想營造這樣的氣氛，就需要不斷對組員發送訊號。讓組員知道無論自己說了什麼、做什麼判斷，只要在當下盡了全力，那身為組長的你就會負起最後的責任。組長要勇於展現自己的弱點（雖然展現太多反而是我的問題），並用心傾聽組員的話，而不只是虛應故事。組長要像一名鋼鐵捕手，無論隊友打出什麼球都一定會接到，還要能讓投手信賴，引導投手丟出最好的球。

為什麼要做到這個地步？因為若不能成為彼此的安全網，就不能說是一個團隊。組長必須成為組員的安全網，而組員也必須是組長最值得信賴的對象。團隊必須一起努力，營造出即使不確定自己能否好好發揮，但只要團隊攜手，事情就一定會順利的氣氛。這樣的氛圍能創造歸屬感，讓團隊發揮與其他團隊不同的力量。

6

我們組的聊天群組一直都很熱絡，總是在到公司前就已經累積了數十條訊息（從工作到各種雜談，訊息從不間斷）。那天，有一名組員在群組中吐露自己遭遇的困難。他先是大吐苦水，最後說了一句：「請讓我感受到我們的投契關係[*3]吧。」

他這句話一說完，其他人立刻爭先恐後地對他的狀況發表意見。瞬間，群組裡罵人的詞彙滿天飛，大家都在替他洩憤。經過一番盡情發洩後，大家心裡也就舒坦多了。而我遲來地看到這些訊息，不知道笑得有多開心。那個組員沒有拜託大家幫忙解決什麼問題，也沒有請別人接手，只是心情很差，單純希望同事能當垃圾桶聽他抱怨。這就是我們這個團隊讓他感到很安全的表現，這真的讓我很開心。我們的團隊是安全的，這也使我感到安全且放心。

＊3：投契關係（Rapport）：心理學用語，意指相互信賴的關係，主要用在心理諮商師與患者之間的信賴關係。

手握辭職卡的力量

我跟辭職很熟。雖然我知道，我在同一間公司工作這麼多年，說這句話實在沒有可信度。但我敢保證我沒有誇大其詞，也沒有騙人。我跟辭職真的很熟。因為我老把辭職掛在嘴邊，也一天到晚跟別人討論辭職，更非常積極地思考自己何時要辭職。我這個三天兩頭就在講辭職的症頭真的很嚴重，以至於每當我把組員找來想說些嚴肅的事時都會遭遇困難。

每當我開口說「各位同事，我有話要說」時，大家都會瞪大眼睛問我說：「組長，你要辭職囉？」

每次聽到這種回應，我都會在心裡毆打自己，責怪自己跟組員聊辭職聊得太過火。跟一個動不動就把辭職掛嘴邊的組長一起工作，大家一定苦不堪言。有次我忍不住問大家：「我一天到晚把辭職掛在嘴邊，你們會覺得壓力很大嗎？身為組員，你們怎麼想？」

結果大家竟連頭也不抬，只是繼續盯著螢幕說：「哎呀，你說歸說，但工作還是超認真啊，沒關係啦。」

我聽得出來那語氣是真的一點都不在乎。看來他們是把辭職當成我的口頭禪，認為那單純只是「人生三大謊言」之一：繼老人的「老了就該去死」、商店老闆的「結束營業大拍賣」之後，組長的「我要辭職」無疑也加入了人生謊言的行列。

我高唱辭職之歌的歷史非常悠久。記得那是在我上班第四年，我被調離朴雄賢組長手下。有一天他把我叫過去，問我想不想重新回到他手下做事。他那一組是大家夢寐以求的所在，他也是大家最想共事的組長。換成其他人，這機會可是求之不得，我卻露出為難的表情說：「嗯……能回去是很好，但我想我可能沒辦法跟您共事太久。」

「為什麼？」

「因為我很快就會辭職了。」

我這番發言讓組長露出不敢置信的表情，而且從他再度開口的語氣中聽得出來，他覺得我剛才的話很荒謬。

「那根據妳的計劃，妳可以在我這裡做多久？」

「大概九個月。」

「好吧，那接下來九個月就一起共事吧。」

「好。」

話是這樣說，要實現「辭職」可不如嘴上說得容易。每當我在想差不多該真的辭職時，就會剛好出現非常有趣的工作。可是每當我誤以為這份工作是我的天職，可以繼續做下去時，又一定會讓我遇上極度的苦難。等我好不容易撐過一波折磨，覺得可以辭職時，成就感便會上門來勸我先不要。在這樣反覆的過程中，我遇見了還在讀書的老公，辭職也從此離我越來越遙遠。既然我成為一家之主，就更沒辦法任性地說辭就辭了。我那很能撐、很能吃苦的個性，也在這件事上盡了份力。於是我就這樣一直待在公司，不知不覺當上了組長。

成為組長後，我也開始遭遇與過去不同層次的苦難，就是跟廣告主開會。試想一下，你要在兩週內做出創意發想、擬定客戶未來一年的行銷策略，歸納出結論後再去跟客戶提案。當你面對客戶時，對方派出的代表聽得很不認真，只顧著挖鼻孔。你得盡量不去注意他的行為，還同時要努力博取他的歡心，覺得自己就像馬戲團的小丑。明明花了很多時間發想、準備豐富的提案，對方卻在你發表過程中一直看手機，最後才抬起頭來，沒頭沒尾丟出一個回饋，說「好像沒什麼特別有感覺的創意」。

還有，當你胸有成竹地朗讀能為公司解決眾多問題的文案，與廣告完全無關的部門卻不懂裝懂，丟出一句：「最近那個某某廣告的文案很不錯，有沒有類似那樣的？」光是想像以上情境，就已經讓我瑟瑟發抖了。

有一次我跟廣告主做完簡報，忍著想哭的心情走在路上，即使努力壓抑情緒，眼淚卻不聽使喚。我在不合理的時程安排之下，想出了份量極不合理的創意，並且用盡全力去面對這次簡報。那時我們經常加班，我還不斷安撫組員、鼓勵他們，有時候還會自我安慰說「我們根本就是天才」。我滿腦子只想著無論如何都要把交到我們手上的事做好。但我所獲得的回報，卻只有幾句踐踏我們努力的發言。那些絞盡腦汁提出的創意，都被對方踩在腳下踐踏，還朝殘骸吐了口口水，這比直接把提案丟進垃圾桶還心痛。不管怎麼想，我都覺得這不是我應得的。憤怒與無力如大浪般襲來，我的眼淚忍不住潰堤，嘩啦嘩啦流個不停。

我不想接受這種結果，也不想承受那些羞辱感，辭職就是唯一解。假使我真的有才能，那我一定能在做廣告的同時，也顧及自己的創作。只可惜我的才能只有這麼一點點，無法兼顧好正職跟副業。我可不想將這一絲絲才能浪費在忍受侮辱上。有能力的人能把工作做好並守住自尊，為何只有我怎麼也學不會不讓靈魂因工作而受傷呢？

我下定決心，辭職吧！仔細想了一遍，覺得別無他法，辭職吧！十幾年來深藏在心中的那張辭職卡，如今我能感覺它就在我指尖可及之處。就在我深感自己「已經做得夠多了，這樣已經很棒了。我沒有什麼才能，走到這裡已經夠遠了，終於能夠迎接我渴望已久的辭職時刻」時，一個連我都不曾察覺到的念頭冒了出來。它穿越我混亂的內心，帶著堅毅的神情站在我面前。它伸展自己蜷縮已久的身子，大力跳了跳並大聲喊道：

「不可以就這樣辭職啊！」

什麼？不能辭職？認真？好不容易有了辭職的機會耶！

沒錯，不能就這樣辭職。我珍藏這張辭職卡這麼久，怎能因為那些不尊重我的傢伙就用掉！那不就等於是給了那些我一點都不認同的傢伙太大的權限了嗎？這張辭職卡，只能在我真正需要時、在我覺得已經夠了、想要過其他人生時，才可以拿出來使用。這些人對我、我們以及我們的創意如此無禮，我可不想把人生的決定權交到他們手上。

我人生的決定權只能屬於我，所以辭職這件事，只能在我想、我判斷可以時，以我最理想的方式、在我認定最佳的時機、依循我自己的決定提出。這是對這份我從事十幾年的工作、對我任職的公司，也是對我自己的基本禮儀。

就是從這時開始，辭職卡在我心中的位置變了。一直以來，因為討厭上班、討厭不合理的回饋、討厭沒禮貌的客戶、討厭被追著跑的人生，被工作弄得精疲力盡時，我總是習慣性地去摸那張辭職卡。時時刻刻存在於職場生活中的負面情緒，都會使我反射性地去尋找它，習慣性把辭職掛在嘴邊，使這句話暴露在空氣中，一再耗損，如今連我也難以推估它的重量。

在我垂頭喪氣地走在街上的那一天，辭職卡的樣貌改變了。不，它進化了，進化成在我內心深處無時無刻亮著燈的緊急逃生門。

連續劇《由美的細胞小將》中曾有這樣一段：女同事賽理介入主角由美與男友阿雄的關係。她所做的每件事都讓由美很在意。由美看不慣賽理成了阿雄的鄰居，也受不了她拿自己親手做的柚子醬給阿雄。每當她想對這些事發表意見，都覺得自己實在心胸狹窄。若假裝視而不見，賽理又不斷越界。她想結束這段關係，卻無法狠下心來，因為她害怕失去阿雄。

在每個需要做決定的時刻，由美面對阿雄都只能拿出「投降卡」。最後，就在兩人的關係走進死巷時，由美的細胞塞給由美的不再是「投降卡」，而是「離別卡」。這並不是要她立刻與阿雄分手，而是願意承擔分手風險的意思。由美的細胞們說：「光是握住離別卡，就代表由美現在能夠照自己的想法做決定了。」既然有了分手的覺悟，就能做出正確判斷。有了覺悟，由美就能毫不退縮，坦率說出自己的感受；可以不再瞻前顧後，而是勇往直前，因為她已經做好了最壞的打算。

辭職卡的力量，或許就跟由美的離別卡很類似。至少現在對我來說是如此。當我在思考自己該採取何種態度面對不合理的決定時；當我必須保護團隊，不受他人的無禮冒犯時；當我面對一個人多嘴雜，手足無措的專案時；當我意識到自己是主管，必須鼓起勇氣堅定己見時，我都會想起辭職卡。

那天，**辭職卡成了我心中的緊急逃生口。即便我身處黑暗，辭職卡仍點著一盞燈指引我**。它是二十四小時全天候開啟的逃生門，只要我願意，我就能從那裡離開，確保安全。

有了緊急逃生口便能讓我安心，鼓起勇氣大聲說出自己的主張。萬一事情有任何差錯，就從逃生口離開吧。即使眼前在播的是精采萬分的電影，即便在眾目睽睽之下，我也能果斷起身離開。我相信自己不會有任何留戀。怎麼可能會留戀呢？那可是我殷殷期盼的辭職時刻啊！

我有一張辭職卡，也有一個不會關閉的緊急出口。我在心裡握緊辭職卡，並對著奔赴職場的自己說：你現在可以更有勇氣一點、可以多冒一點風險、更自信一點。過去我從來不曾想過，辭職卡竟能帶給我這麼大的力量。在辭職卡的陪伴下，我不知不覺走了這麼遠。

什麼東西是你職場生活的緊急逃生口？是銀行帳戶的餘額、工作帶來的滿足、還是週末的休息時光？無論是什麼，你都要牢牢記住，緊急逃生口的燈必須時刻點亮。

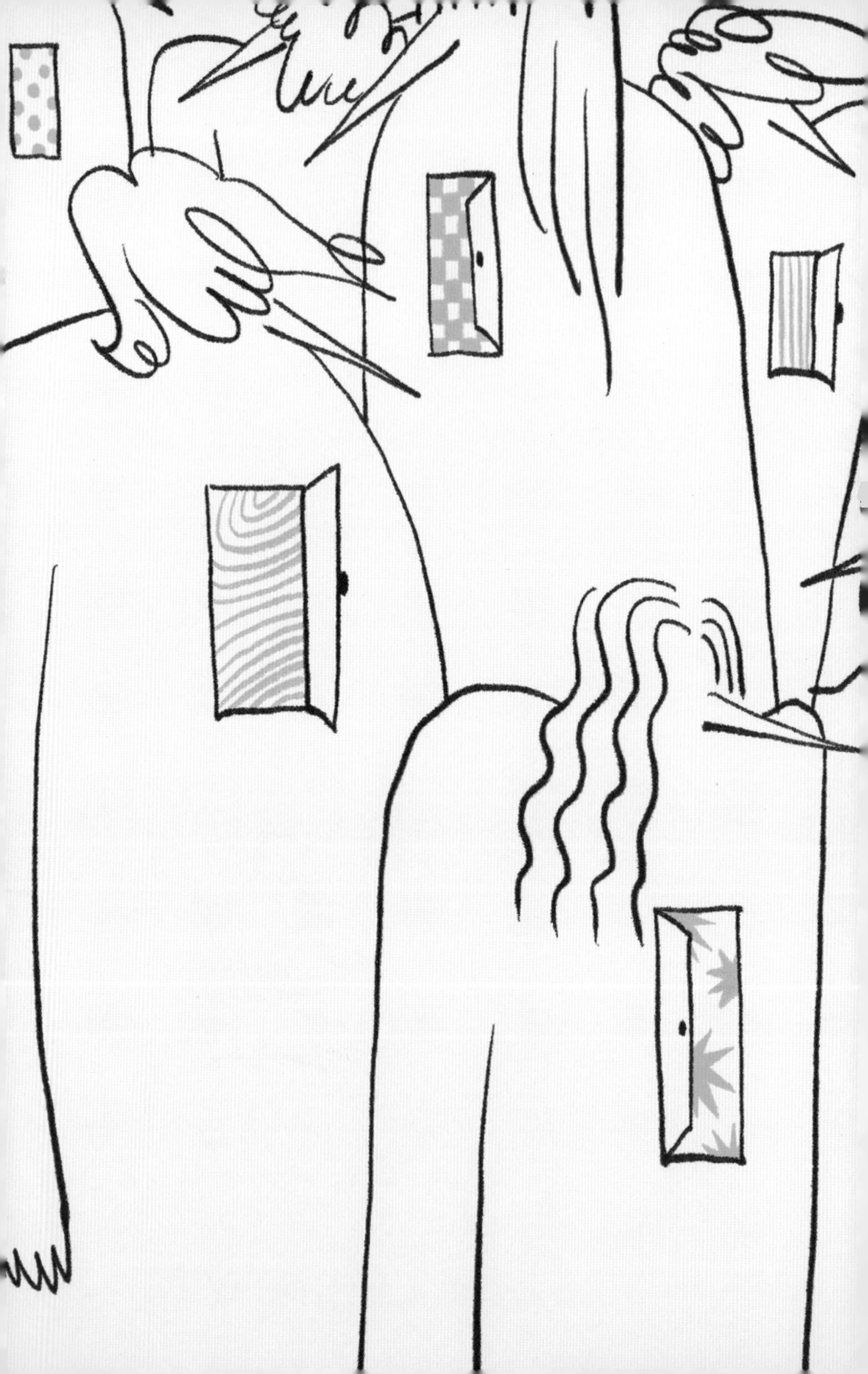

PART 2

「我們」的力量，絕對比「我」更好用

完美會議七原則

我很久以前寫過一本書叫《我們來開會吧》。那是我的第一本書，有別於後來出版的散文，那本書徹頭徹尾都在討論「開會」這件事。我以四個專案為例，把我們團隊開會的過程重新解構，詳細記錄在那本書裡。意外的是，即便出版距今已經十一年，這本書還是有人買。偶爾我會在新人的桌上看到這本書，每次我都覺得像與小學同學重逢，高興又有些難為情，甚至有些憐惜這個一直在某處好好過著人生的朋友。

在那本書的序言中，我揭露了當時我們團隊的七個會議原則。雖然從來沒有人用文字寫下來，但大家確實都堅守著這些原則。這七個原則如下：

1. 不遲到，十點三分不是十點。

這個原則大家看得跟命一樣重要。因為大家都知道，如果表定十點的會等到十點十分才開始，就會發生骨牌效應，使接下來的會議也跟著延宕，最後勢必得留下來加班。我也認為準時開始會議代表了大家對待這場會議的態度，準時是對會議最低限度的禮貌。

2. 毫無想法進會議室是無罪的，但不帶著清醒的頭腦進會議室就有罪。

你可能以為開會時帶著一籮筐的點子進會議室，就會受組長青睞，其實並非如此。比起十個陳腔濫調的點子，更需要一個新穎的創意。不過我還是要勸大家，拋開那種一定要帶著創新的點子進會議室的強迫觀念吧。其實只要帶著一顆清醒的頭腦進會議室，好好聆聽別人的想法，對會議更有幫助。

3. 別人在說明想法時要敞開心胸，即使是實習生的想法也藏著無限可能。

這就是朴雄賢組長主持的會議與其他會議最大不同之處——他不會為想法區分階級，部長的想法跟實習生的想法地位相同。當然，部長的想法成功率確實比較高，但如果實習生的想法有可取之處，組長也一定會保留。因此我們團隊的實習生經常能帶著滿足的心情下班。

4. 多說話。唯有批評、爭論與討論，才能讓會議像個會議。

這一點非常重要，我甚至在之前的書中單獨為它寫了一個篇章。組長老是說：「大家的薪資高低，應該要用開會時說話的分量來排序。」每次聽到他這樣說，我都心想：「那我的薪資應該要是我們組最高的……」只可惜，組長的這個主張始終沒有實現，我的年薪就是證明。

可惜，真是可惜。

5. 會議室裡人人平等，沒有人能倖免於批判，甚至是對組長也要公正不阿。提出意見的人是誰並不重要，重要的是他說了什麼。

即使是組長提的意見，只要不同意就可以反駁。既然連組長都是這種待遇，其他組員會如何對待彼此的點子，我就不需多說了吧？

雖然我們會無情地批評彼此提出的點子，但在這樣的過程中，不會有人因此意志消沉。就算有點傷自尊心，大家還是很豁達。因為我們都同意，為了好的會議結果，遭受一點批評是無可避免的。

6. 會議最長不能超過一小時。

這也是朴雄賢組長的過人之處。無論我們丟了再多亂七八糟的點子到組長面前，他都有辦法從中開出一條路。最驚奇的是，他總能在一小時內完成。其實我們為了不讓會議超過一小時，開會時都很認真傾聽每個人的想法、認真思考、認真給意見。也因為如此專注，所以一小時就是大家的體力極限了。

7. 走進會議室時或許腦袋空空，但離開時必須認清該做的事，這是對下次會議的基本禮儀。

開會結束後，就是發揮團隊合作的時候了！即使沒有人下令，大家也會自主歸納出下次開會前該做的事。因為下次開會碰面時，事情就該要有明顯的進度。打個比方，上次開會時進度是到兩百五十頁，下次開會時卻常常直接跳到三百五十頁開始。這就是因為大家都很清楚自己該做什麼，也很認真地去完成。這也是朴雄賢組長在我的書出版後跟我說，他認為這一條是最重要的原則。

我成為組長後才領悟到，工作時要堅守這七條原則真的有夠難。要營造讓大家多發言的氣氛需要很多努力、不帶想法進會議室也需要很大的膽子。最重要的是，開會不能超過一小時，這個目標對我這種菜鳥組長來說就像喜馬拉雅山一樣高不可攀。當然隨著時間過去，我的開會能力也逐漸提升。

我在寫那本書時是七年資歷的廣告文案，現在則是邁入第七年的組長。既然有這麼長的工作資歷，現在是不是能在這裡面再加上一條我認為不錯的會議原則呢？因為關於一場好的會議，組長金欧澈也有些話想說。

去會議室的路上，我偶爾會想……
要是稍微從樓梯上滾下去，
是不是就能暫時逃離今天的會議呢？
（但不知是幸還是不幸，我平安地進了會議室……）
呃啊啊！
呵呵呵
幸運降臨？
總之，會議結束啦！
也更清楚接下來要做什麼了
總之，先去吃飯吧！
吃飯皇帝大啦！

開會時，我的話有時候多到誇張，
會拼命把沒整理好的想法丟出來。
其實……我常常不知道自己在說什麼。
管他的，組員應該會看著辦吧 ^___^！

現在的實習生真的很厲害耶，
想當年啊～
都被說看起來傻傻的才有魅力……
（其實就是在說我不夠好啦）

只有洪代理知道的開會祕密

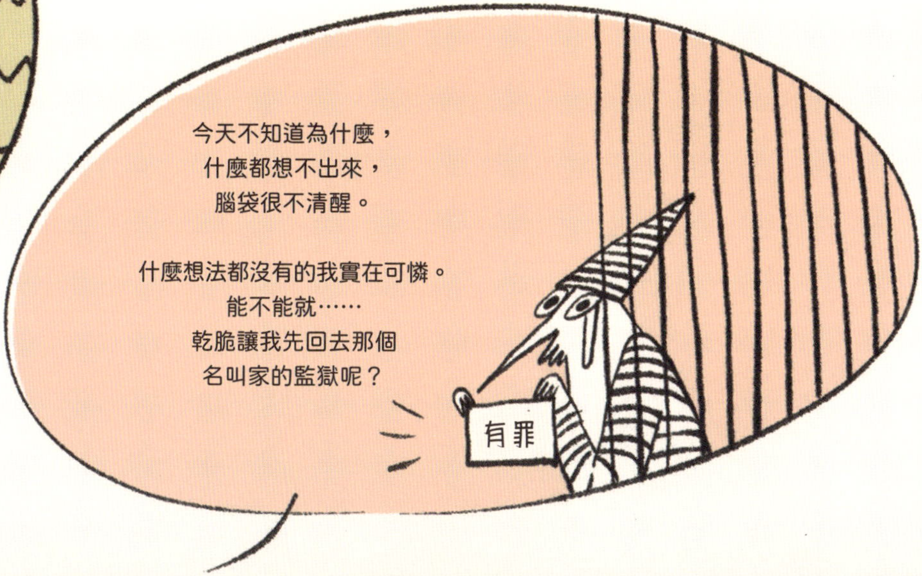
今天不知道為什麼，
什麼都想不出來，
腦袋很不清醒。
什麼想法都沒有的我實在可憐。
能不能就……
乾脆讓我先回去那個
名叫家的監獄呢？
有罪

只要開口說，你就會有一席之地

這是我當上組長後沒多久的事。我跟我的老組長一起去跟廣告主開會，半路上，我開口說：「有金敃澈當組員，你一定很開心吧？」

老組長看著我，一臉不知道我又哪根筋不對勁、到底想說什麼的表情。我想我需要多做一些解釋。

「你看，我話真的很多嘛。開會時都第一個發言，聽完別人的想法後，也會率先表達自己的立場。可是當上組長後，我在開會時常常覺得很茫然。該往哪裡前進才好？答案到底在哪？我真的一點頭緒也沒有。這時不管誰先開口都好，我就會覺得在茫然中有了一個指引。你應該很懂那種感覺吧？」

「懂啊，非常懂。」

「如果我提出的是好意見，就能帶大家不要走偏，往正確的方向前進。如果是很荒唐的意見也能給大家參考，不要往那裡發展。久而久之，不管我說的話到底有沒有道理，只要我能繼續發言，都可以帶來幫助……當然每次組長制止我，我還是繼續講不停這一點也是個問題啦。但總之，我覺得要讓組員踴躍發言比想像中還困難。」

真沒想到當上組長後，我的第一個煩惱竟然是「說話」，可能因為我本來就是個話多到誇張的人。我說話從來不會顧慮別人，也因此打從心底認為大多數組員應該也跟我一樣。沒想到換我主持會議時，大家經常說完自己的想法後，就不繼續發表意見了。會議室居然這麼沉默，我從沒有過這樣的體驗，真是陌生。但也不能因為組員都不發言，我就自己一個人講不停啊。我不希望自己帶領的團隊只會贊同組長的意見，那甚至是我最想避免的。所以無論如何，我都得讓組員開口，得讓他們表達自己的意見才行。

說話為什麼這麼重要？首先，是因為別人無法窺探你內心的想法，不管是意見、不滿、擔憂、提醒，都必須說出口才能讓別人知道。組長只是不小心在公司待了這麼久的人，不是會讀心術的人。想法必須要盛裝在言語這個器皿之中，才能好好呈現在別人面前。對每一個上班族來說，交流想法跟處理上司交辦的業務同等重要，非這麼做不可！

當然，要透過說話表達想法並不容易，而且為了達到溝通目的，必須先傾聽並理解他人。在傾聽的同時了解對方想法中的不足之處，同時歸納好自己的意見。所以，我必須一口氣在腦中完成傾聽、理解與歸納，接著用最完美的言詞與理論。點出我看到的問題。這根本堪比花式滑冰女王金妍兒的三周半跳，根本就是挑戰不可能！我必須放下這不切實際的念頭。我告訴自己，就算不完美、不是正確答案也沒關係，只要練習把自己的想法說出口就好。而我用來練習開口的起手式，就是：「可是啊……」

當我吐出「可是啊……」時，所有人的視線都會集中到我身上，一開始我的腦海會一片空白。剛才我確實有一些想法，但真的可以說嗎？會不會搞砸現在的氣氛？我瞬間憂心忡忡，但我已經起了頭了。無論如何，我都得替「可是啊……」這句話負責，我得把它說完。

「可是啊……我覺得……往那個方向去的話，好像會有點偏離原本的目標耶。」好不容易說完整句話，卻沒有具體說明如何偏離目標、接下來該往哪個方向發展。但這句話讓會議室裡開闢出了一小塊專屬於我的領土。雖然會有反對、批判或同意等不同意見，但在會議結束前，我的話將一直在那個空間飄盪。即使沒人看見，但對當時身為新人的我來說，這些話的影響力我可是看得一清二楚。

一個人在會議室裡說的話，可以替他圍出自己的領地。旁人乍看或許會以為領地的大小由地位高低決定。坐在中央的人領土最大，坐在旁邊的人第二大，就這麼依序遞減。坐在最旁邊的人以為自己的領地只有巴掌大小，因此如履薄冰，但其實那並不是固定的（當然，我也知道很多會議室裡的領地是固定的。在這種情況下那就不叫「會議室」，應該改稱為「命令室」會更適合。）

開會應該是用言語拓展個人領地的時間，我們不需要舞刀弄槍，只要靠資料、想法跟意見，以這些為依據發言。要從什麼時候開始這麼做？就從現在開始。

在職場上，依照上級指令乖乖做事的時間其實不如想像中多。當你開始發言，就會發現不知何時開始，人們會期待你發言。而當你必須發言的時刻到來，可不能完全沒有任何準備，所以更需要練習。你覺得金妍兒在練習跳三周半旋轉時從來沒有摔倒過嗎？摔倒的次數要夠多，才有辦法成為出色的選手。

不過，即便我知道多練習才能進步，也不能強迫組員發言。為了讓大家心甘情願地開口，我必須先準備又大又軟的安全防護墊，讓大家盡情發言，不會受傷。為了讓大家相信不管說什麼都有人願意聽，我決定讓自己變得非常非常非常樂於傾聽、心胸變得非常非常非常開闊。我也決定不再等待，我要主動詢問、傾聽、給出回應後再詢問。聽完組員的想法後，我會一再提問：你覺得怎麼做才好？你覺得會不會有這些那些問題？這樣真的可以嗎？可是我有這個那個擔憂，怎麼辦？喔！這樣做會不會看起來更好？不會嗎？啊！我有個好點子！事情好像越變越奇怪了……沒有嗎？真的可以嗎？……

就這麼實行了好一陣子，某天上午，我們跟平時一樣開會，那場會議必須決定很多事。所有人走進會議室，想著一定要在會議上把事情都討論好。我們把過去提出的想法全部列出來，正式開始討論。大家接連發表意見，發表完就把發言權交給下一位組員。大家的話都沒有經過太多修飾，想到什麼就說什麼。每個人都在說、每個人都在聽、每個人都在回應。我們開了一場比平時更久的會，終於來到大家都不想再發言的時刻。當我說「今天會就差不多開到這吧」時，大家回說「好」，並自動鼓起掌來，我發現每個人都露出難掩興奮的神情。

離開會議室，廣告文案說：「今天的會真的超棒！」

去吃午餐的路上，藝術總監說：「剛才的會議真的好棒喔。」

吃完午餐後，部長級的藝術總監說：「創意總監，剛才的會議真的很不錯耶。」

我拍了拍胸口告訴自己：「哎呀，這樣的團隊好像沒問題了。」

就這樣，我終於能在我最喜歡的團隊裡工作了。

為想法加上一根湯匙

我相信對於「創造一場優質會議」，大家都有各自的訣竅。而在我的眾多訣竅當中，我最喜歡的是「加一根湯匙技」。這並不難，例如我聽到一個好提議時，我會迅速擺上一根湯匙。我沒有要求組員快點去煮一道可口的燉菜來搭配，也不是要求他加一碗白飯，更不是要他趕緊把桌上的雜物收乾淨。我只有加上一根湯匙，讓這個創意看起來更可口。真的就只有這樣。只需要放下想一個人獨吞整桌菜的念頭，大膽擺上一根湯匙就好。

要怎麼做呢？你可以試著用這句話練習：「哇，這個創意很棒耶，我們一定要試試看。」誰會不喜歡自己提的意見被大力推崇？這句話甚至還能鼓勵其他人，以正面的態度深入思考更多可能性。

如果想更積極地鼓勵大家，也可以再加入一點自己的想法：「哇，這個創意很棒耶！那我們用這個方法試試看如何？」

這個「加一根湯匙技」的核心概念只有兩個：

1. 稱讚對方的想法與創意。

2. 為這個創意加上更棒的想法。

不覺得超簡單嗎？你可能會懷疑，這樣真的就能創造優質會議嗎？我可以理解你們的疑惑。那我就用幾個實例來看看這個技巧是如何發揮作用的。

幾年前，我們這組接到一個家具公司的廣告案。當時的廣告主希望能將行銷重點擺在「設計」上，於是我們訪問了設計總監跟公司經營人，最後我們認為，單純以「漂亮」、「感性」這些詞彙，難以完整說明他們的設計理念。

他們的設計組告訴我們：「每一條線、每一個角度都必須有理由。」於是我們以「有理由的設計」為主軸開始腦力激盪會議。既然主訴求是設計，自然有人提出舉辦展覽的想法。你覺得這很老套？那只要把展覽辦得不老套就好。「展覽」這個想法的可行性很高，因此我們先保留了這個意見。好，接下來就是要擺湯匙囉。我搶先擺上湯匙：

「展覽好像不錯，不過……要怎麼把孔劉放進去？」

「嗯……要不要請他來擔任展覽的語音導覽？」

「就是介紹展覽的人吧？不錯耶！那在拍攝電視廣告時，請他一起錄展覽的語音吧。」

隨著展覽架構越來越明確，又有另一個人擺了湯匙：「那要不要乾脆連電視廣告都用展覽的概念去拍啊？」

「不錯耶。乾脆讓孔劉在廣告裡擔任導覽，再剪一些他分別介紹家具的短影片怎麼樣？」

「好！還要讓他像真正的導覽員一樣穿白襯衫！他應該很適合。」

就這樣，餐桌上瞬間擺了好幾根湯匙。

「不過，我們應該不可能真的在好幾個地方同時辦展覽吧？如果展覽辦在林蔭道，最後會不會只有我們去看啊？有沒有什麼方法⋯⋯」

「賣場！」

「對耶！把全國的賣場都變成展示場就好啦！居然想到這種方法，我們真是天才！」

我們互相稱讚對方是天才，盡情地在「展覽」這個想法上擺了超多根湯匙，讓想法看起來更「可口」。我們討論了如何利用最低限度的變化，將家具賣場變成展示場。有人提到製作手冊，又有人說要在賣場安排語音導覽，有人說希望不只是實體展覽，也可以同步舉辦線上展，大家又很快替線上展這個想法擺上各種湯匙。

「我們可以在Instagram開個社群藝廊！」

才不過一個小時，整個活動就已經變得非常充實、龐大。我們認真看待彼此提出的想法，只要有人提出意見，就會不斷用湯匙塞滿整張餐桌，最後甚至沒有位置能再擺湯匙。多虧了大家的踴躍，我們滿足地結束這場會議。擺湯匙這件事不僅止於會議室，在活動策劃期間仍持續進行。例如電視廣告的文案，也是由我先丟出一句話，再由廣告文案來擺湯匙，最後由藝術總監擺上最後一根湯匙後，宣告完成。

問我「為什麼？」吧。（這是我丟出來的文案）

階梯的造型、

鏡子的角度、

腳的高度。

我用這些來回答你。（一一研究每件家具之後，廣告文案歸納出這四句話。）

○○的設計，每一個都有理由。（組內年紀最小的廣告文案，在最後加上了這句話。）

當然，提出想法跟執行在難度上是截然不同的層次。為了執行「展覽」這個想法，我們花了很多心力說服廣告主、企劃組跟展覽活動組。我們在開會時踴躍為彼此的想法加上湯匙，最終完成了「屬於我們的創意」，而這成為整個活動中最堅定不移的指引。

隔年，這個展覽在艾菲獎（Effie Awards）[*4]上得到金獎。我們只不過是在一個同事提出的想法擺上了自己的湯匙，竟然就創造出這樣引以為傲的成果。

很久以前，演員黃晸玟在青龍電影獎頒獎典禮上曾說過一個

＊4：由美國行銷協會紐約分會舉辦的獎項，目前唯一以「執行後的廣告效果是否達成廣告主的廣告目標」為評審標準的國際大獎。

飯桌理論。他說，他只是在由許多工作人員精心準備的飯桌放上自己的湯匙，吃了一桌美味的餐點而已。這是謙虛的說法，聽的人都知道能拿著湯匙在那餐桌上吃得津津有味，也是一種能力。遇到好劇本時，他能把握機會放上自己的湯匙，並且把自己的角色演得維妙維肖，那是多麼了不起的事啊！同樣的道理也能用在我們身上，遇到好想法時，不錯過任何可能，立刻放上湯匙，把這個想法變得更出色，也是廣告人必須熟悉的偉大技巧。

在別人的成果上「加上一根湯匙」可以說是一種撿現成，大家很容易對這種行為有負面聯想，但其實這個技巧也能有正面的發揮。我認為為一個創意擺上湯匙，就像是在為它穿上衣物、整理頭髮，甚至裝上翅膀。有人端出一道菜，我們放上湯匙，讓這道菜看起來更可口，這麼做並不是想竊取別人的成果，也不是想獨占整桌飯菜，只是增添效果而已。

當你的湯匙讓點子更加亮眼，原本提出想法的人也可能把你視為他一輩子的恩人——說一輩子好像太誇張了，但至少在那一天，那個人應該會非常感謝你。一個人當然可以提出很棒的創意，但如果能有好幾個人為這個創意添加一些修飾，讓它能從「我的創意」發展成為「我們的創意」，那創意的可能性就會變得更難以預測。

我經常跟組員說：「不要都自己一個人想，把你想到的說出來。」

組員起初都對我這句話感到疑惑，但時間一久，他們察覺到我是認真的，我希望大家一起努力。我是在告訴他們：只要有人提出好創意，我會排除萬難地放上我的湯匙，邀請大家一起來把這個創意變得更好。因為我知道與其只靠一個諸葛亮，不如由一群平凡的臭皮匠集思廣益，更有機會創造出好的成果。最讓我開心的是，我的組員現在似乎也非常了解這個道理。他們經常提議：

「組長，我們要不要一起來想啊？」

最積極回應這句話的人，當然一直都是我。

沒有比團隊更偉大的選手。

——亞歷山大·佛格森

相信你和團隊成員的直覺

每次接到一個新專案，企劃組都會先去跟廣告主碰面，聽取新專案的說明後，展開第一次的創意發想。他們會找資料、設定方向，再跟廣告製作組——也就是跟我們做簡報。通常廣告製作組在這時都是一張白紙，因為有時我們對廣告主很陌生，有時則是從來沒接觸過的新領域。所以在聽取簡報時，我們都會拿出比平時更高的專注力，把想到的案例寫在筆記本上，也會針對好奇的地方發問。為期約一小時的簡報結束後，球就從企劃組那邊交到我們廣告組手上了。

這時有一個非常重要的關鍵——第一顆鈕釦該怎麼扣？雖然也不是說第一顆鈕釦扣錯，整個專案就會徹底毀掉，我們沒這麼不堪。不過如果第一顆鈕釦扣得很好，那原本開在泥巴路上的車子就會瞬間駛上柏油路。雖然距離上高速公路還有好一段路，但柏油路更容易加速、更好操控方向。

第一次簡報結束後，我們會立刻聚在一起，試著把第一顆鈕釦扣好。就算只是一會兒也好，我們會討論一下聽完簡報後的想法，試著拿其他案例、看過的YouTube影片、早上匆匆一瞥的新聞，甚至很久以前從朋友那裡聽來的故事，只要能為這個專案開拓出一條可能的道路，任何題材都會拿出來討論。

別去懷疑這樣的討論有什麼意義，也別為這些閒聊設下界線，更別想直接從裡面撈出什麼驚天創意，這時候需要做的就只有好好為這個專案吸收彼此的想法。短暫的會議結束後，你的腦袋得像吸飽水的海綿，鬆軟又有彈性，因為這場討論會讓你發現原來還有這樣的觀點、某某人的想法很新奇。簡言之，這是一個初步的腦力激盪。

記得有一次，我們要為家用肺部醫療器材做廣告。內容主軸是機器運作的原理、使用機器能為身體帶來哪些改變、肺跟氣管可以變得多乾淨、機器具備哪些重要功效等。企劃組的簡報結束後，我們聚在一起，當然是先開始閒聊。大家七嘴八舌地說自己也想用用看、對抽菸的人來說應該更有效等等。

這時，突然有一個人低聲說：「背心……」

那一刻，我的直覺告訴我，這似乎有點什麼。

「背心……喔！對耶，這器材可以穿！」

腦力激盪會議通常都是這樣。在外人看來像是垃圾話，無法理解這能有什麼幫助。但對我們來說，當「可以穿」這幾個字出現時，大家都知道一定能從中找出不同答案。

我們立刻想到，如果不用一般醫療器材常見的廣告方式，著重描述器材本身的功能，而是強調器材能穿在身上、使用更方便這一點來說服消費者，那這個廣告或許就能達到理想的功效了。只要能找到小小的希望，這個初步會議就算盡了它的職責。透過這場會議，我們為這個專案開闢出一條羊腸小徑。當然，走在這條路上時也可能發現另一條更迷人的路，到時只要換條路走就好。在第一次會議上就開闢出一條小路的我們，在時程上相當充裕，也就有更多時間做更多嘗試。

當然，我也不是從一開始就熟悉這種開會模式。即便我知道這個初步分享想法的會議非常重要，我仍經常想逃避。因為我實在不相信自己能主持一場好會議。但後來我也慢慢改變想法，我告訴自己，會議不是用來把我的想法傳達給組員，而是要交流彼此的想法。我會鼓起勇氣告訴大家，雖然不曉得該說什麼，但總之先開個會再說。我們也經歷過不少大家都不知道該說什麼、只能大眼瞪小眼的會議。但也有過憑著某人的直覺，讓大家看見一線曙光的時刻。經過幾次的成功，大家也漸漸熟悉、接納這樣的會議了。

其實這種初步的分享沒有想像中悠閒，據說有些廣告公司甚至會在出去開完會後，直接在回程的路上開始初步討論。大家會坐在客戶公司旁的咖啡廳整理剛才聽到的東西，討論那些事情的意義與脈絡。稍早在企劃報告會上難以理解的內容，經過短暫的討論後便能逐漸釐清。如果大家能在這時提出各自的想法，有時甚至可以當場找出合適的方案。即便無法得出明確結論，至少也能在下次開會前知道需要先做什麼準備。

藉由這種方式讓團隊成員的想法同步，避免大家各自解讀、產生分歧。因為才剛聽完簡報就開會後會，不需要花太多時間對焦，而且如果討論出明確的方向，也能用更快的速度找出要走的路

為了發想創意，我們需要豐富的情報、冷靜的分析，當然還要有邏輯的解析。更重要的是，我們需要有願意仰賴直覺的態度。人活在世上，不可能永遠不做任何思考、對事物沒有任何反應，而直覺就是來自我們對事物最直接的反應與想法。如果一個人擁有豐富的經驗、跨領域的知識，那他的直覺肯定更具威力。若我們能在平時就保持對世界的好奇心，在必要的時刻好好運用從直覺中獲得的靈感……那效果會有多麼強大，應該不需要我多強調了。

近來有幾位朋友來找我討論組長這個職位帶來的困擾。大家面臨的狀況雖然不太一樣，問題卻大同小異。還是組員時，可以只站在自己的角度思考、只彙整自己的想法，等到開會時再一口氣講給其他人聽。但當上組長後，大家卻一下子不知道該做什麼。朋友說，每次接到一個新的指令，他們能明顯看出組員的徬徨，不知道該往哪個方向前進。身為組長的他們雖想給一些指引，但其實他們自己也不知道該怎麼走，這讓他們非常困擾。看著這樣的他們，我覺得就像看到過去的自己。

「組長當然也不知道答案啊。」

「真的嗎？」

「組長也是剛接到指示嘛，當然需要思考的時間啊。」

「就是說啊，可是又不能丟著組員不管……」

「所以我每次只要接到新指示，就會找大家來開會，自由發表一下想法，自然會發現很多可能性。比起完全不討論，我覺得即時討論更有效。不要給自己太多壓力，又不是當了組長就一定要做出什麼厲害的東西。只要稍微提點一些看起來很厲害的意見，大家就會慢慢掌握到要往哪個方向走了啦。」

其實最讓我感到神奇的是，當時竟有三個人在差不多的時間，不約而同來找我吐苦水，我當然也把這個訣竅分享給了每一個人。試過我的建議後，有人覺得有效，有人說不太清楚是否有效，但感覺自己多少有了些組長的樣子。建議大家也可以試試看，其實我們的直覺是很強大的。

把「我」變成「我們」，就會越來越好

這裡有一個昨晚很認真想出來的創意、有個一早在地鐵上靈光乍現的創意、有會讓我覺得自己好像是天才的創意，也有似乎能讓專案露出一線曙光的創意。這些創意旁邊，還有在會議開始前才想到、發想還不夠完整的創意，以及實在不夠好，讓人不想認領的創意。這些創意手牽著手，一起被放在會議桌上。它們的共通點只有一個，那就是它們剛剛都離開了自己的主人。無論這是個怎樣的創意，只要你把自己的創意說出口，它的主導權便會移交到會議室的所有人手上。有點搞不清楚為什麼要這樣嗎？可是你必須同意這個原則，會議才能順利進行下去喔。

你可以想像一下，會議室裡有些人是此生第一次提出自己的創意。他們不肯妥協，彷彿他們提出的創意就是這個專案的最佳解答。他們進到會議室裡，不打算把創意的所有權移交給同事。要是有誰批評這個創意，他們會有很高機率認為對方在批評自己。如果這個被批評的人有點年資，說不定會覺得資歷不夠深的人沒資格批評他。至於年資較淺的人，則會覺得自己又沒做錯什麼，為何無緣無故被批評？這些心態會使會議非常不順利。這樣的人如果是組員，組長還能試著調解，但如果這樣的人剛好是組長，那就麻煩了。在這種組長帶領之下，組員會慢慢拒絕發言。最後大家只能聽從主管指示。畢竟除此之外，組員也沒其他辦法了。這會使組員面對工作時心不在焉，不願意付出真心，選擇只聽從上級指示做事——否則還能怎麼辦？

其實在會議室裡，**只要都能接受「我的創意」變成「我們的創意」，事情就會變得很不一樣**。你會逐漸開始學會辨別什麼才是好創意。比起殷殷企盼別人看中自己的創意，你更能從無數個「我們的創意」中選出最耀眼的那一個。你可以秉持著理性，以寬大的胸懷接納所有意見。因為這些都是「我們的創意」啊！當我們開會選出它，它會以「我們的創意」去面對所有人。因此，如果希望「我們的創意」能夠走到哪都搶眼，自然必須選出最亮眼的那一個。

選擇放棄所有權其實還有一個好處，那就是「人」這個主體會消失，「創意」才是主體。這樣一來，大家就更能夠單純去看創意的好壞，討論會更明快。大家不會去在乎想法最先由誰提出，只會在乎這個想法本身，也能更自由發表意見。大家可以將看似有可行性的創意挑出來，討論要加強哪些部分、預期可能發生哪些問題。

既然創意的所有權已經移交給每一個人，那批評自然也不是針對提議者。就算談到任何缺點也不是在針對任何人（當然，如果這個創意獲得稱讚，那一定得把功勞歸給提議者本人，這點程度的滿足還是應該要有的）。在這樣的情況下，就算這個創意最初的提議者是你，而它後來又跟別人的創意結合，你也不需要因為自己的創意有所更動而生氣。因為它是「我們的創意」，而且逐漸被打磨得越來越好。

「我們的創意」這個策略，無論怎麼想都利大於弊。因為當你執著於掌控創意的所有權時，那實現的可能性會變得極低。如果你認定只有屬於自己的成功才算是真正的成功，那即便你已經在職場打滾多年，能滿足你的成果可能也會只有一點點。但如果用「我們的創意」來計算成果，團隊裡優秀夥伴提出的創意，也會成為「我們的創意」。而當你提出一個還差臨門一腳的創意時，在其他人的意見加持之下，這個創意就很有機會為「我們」創造出驚人的成果。你會感覺自己似乎沒做什麼，雙手卻握了滿滿的成功果實。

這樣的好策略只在會議室裡用好像有點太可惜了，所以即便是走出了會議室，我依然努力推行「我們的創意」這個策略。尤其跨組開會時，多虧這個策略，我能把主詞區分得很清楚。徹底區分何時要以「我們」為主詞，何時要以「我」為主詞。例如跨組開會時我常常這樣說：

「我們也有提出這樣的意見。」（即使是我提出的意見，也一定要說是「我們」，因為是在會議室裡討論出來的。）

「其實我們也很擔心這個部分。」（即使只有一個人擔心，也要說是「我們」。因為這是在會議室裡討論出來的。）

「雖然是我們提出的想法，但我覺得真的很不錯。」（雖然很清楚最一開始提出想法的人是誰，但既然經過了會議討論，就是「我們的創意」了。）

不過還是有個例外。那就是遇到必須要有人為會議結果負責時，或是我們的創意已經無法再繼續執行時，我就一定會更改主詞。

「其實我們組的人有提出這一點，但是我堅持要往這個方向，因為⋯⋯」

「是我沒有想到這個部分。」

「是我錯了。」

面對上司時，就需要特別區分「我」跟「我們」。用「我」為主詞，以盡到身為組長的責任。用「我們」為主詞，將這份功勞平均分攤給每一個人。公司之所以多給組長一些薪水，不就是為了讓組長在這種時候負責嗎？但我們都很清楚，有太多組長沒有盡到應盡的責任。很多上司看到好成果便據為己有，遇到有些不利的狀況則歸咎於別人⋯⋯哎呀，如果要聊這種上司，那可是用一整本書都寫不完，說不定得用八萬大藏經[5]的長度去寫呢。我非常清楚，大家在職場上一定都遇過這種胡

＊5：又名「高麗大藏經」，為韓國國寶。高麗高宗於十三世紀花費十六年時間、刻於八萬多片木板上而得名。

作非為的上司。但也不能因為外頭有很多這樣的人，我們就要自甘墮落啊。再怎麼急著求表現，都不能降低自己的格調。這可是我們成為職場好前輩的大好機會。

一場好會議的原則是什麼？有些團隊只要開會，就能提出驚豔的好創意。那是因為他們團隊的每個人都很優秀嗎？我不認為。我覺得無論一個人再怎麼優秀，都無法勝過團結的力量。所以我們必須放下「我」，更專注在「我們」上面，這樣才能營造出一個更全面的環境，從各個角度完善自己，使我們更加出色。無論是從利人還是利己的角度來看，這都是對「我」、對「我們」最好的選擇。

一起畫出一座森林

我相信不會有哪個作家，願意拿大家討厭的一句話當書名，偏偏我就成了這樣的作家。大家聽到我第一本書的書名後，都立刻皺起了眉頭。要在作家本人面前做出這麼直接的反應並不容易，看來大家是真的不喜歡這句話。這是當然的啦，畢竟書就叫作《我們來開會吧》。開會已經夠討人厭了，居然連讀本書都要談開會？完全理解大家的心情。

但我要說，我很喜歡開會。寫出《我們來開會吧》這本書的作家說這種話好像有點太老套，但我也不能說謊。我在當組員時就很喜歡開會，當上組長後更喜歡。現在的我可以說，我跟組員的默契很好，而這更讓我熱愛開會。如果哪天要辭職，我最懷念的會是什麼？是團隊做出來的廣告播放後，獲得良好迴響的滿足感，還是解決難題後，在競爭提案中獲得勝利的成就感？或是跟組員天南地北的閒聊，笑得花枝亂顫的午餐時間？是跟公司同期到屋頂碰面喝咖啡的時光？候選者眾多，但不管怎麼想，我都覺得我最懷念的應該是開會。很難相信嗎？為了讓不敢置信的你相信，我會用這篇文章努力讓你明白。雖然不知道能不能順利說服你，但希望我能成功。

當廣告公司的製作團隊進入會議室，這樣一群充滿創意的人來到這裡，這個空間和一般會議室有什麼不同嗎？如果你有這種期待，那就要說聲抱歉了。這裡依然只有會議桌、椅子、螢幕，沒別的了。沒有鞦韆能讓靈感枯竭的人坐一下，也沒有籃球框能幫助激發創意。這個會議室無趣到了極點，甚至讓人懷疑在這樣平凡無奇的地方，是否真能催生出什麼有趣的創意。這就是廣告公司的會議室（其實我也沒去其他廣告公司上過班，所以不太敢說都是這樣）。

很少有人會空手進入會議室，他們總會帶著創意一起進來。要帶著創意走進會議室是很有壓力的。必須不停針對某個主題進行調查，這就是廣告製作團隊無法擺脫的宿命。即使是面對一個常見的主題，還是得提出一些新想法。看是要試著翻轉當前的流行、悄悄搭上現在的趨勢、找出意想不到的新詞彙，或是找出讓人耳目一新的畫作。無論什麼方法，他們都必須帶著新穎的創意進到會議室。這就是為什麼他們無論何時何地都坐在電腦前，即使走在路上，也會隨時拿起手機來記錄些什麼的原因。即使是小小的靈光一現也必須敏銳地抓住，將那化為具體的創意，再將創意帶進會議室。他們的壓力會隨著會議時間逼近而逐漸累積，在會議開始前達到高峰。

他們所面臨的情況，讓他們無法只提出一個創意就感到滿足。除了提出創意，還要說服會議室裡的所有人，只要加入他們的創意，就一定能讓廣告主面臨的問題戲劇性地迎刃而解。他們必須讓所有人說出：「哇！這真是太棒了！」所以在走進會議室的那一刻，他們大多都有些自暴自棄。那就像是你一早起來，就得公開朗讀自己前一天晚上寫的情書一樣。你原本覺得只要拿出這個創意就萬無一失，實際到了開會前卻又自信全失。即便手握耀眼的創意，要發表前還是會哭喪著臉說：「啊……我真的覺得好難。」「這真的不太對，雖然覺得不對，但……」再不然就是：「我覺得我今天好像會被炒。」無論你的資歷是十年還是二十年，這種情況從來不會改變。在提出創意前，沒人能有十足的把握。

即便如此，大家還是會將自己的創意拿出來，攤在會議桌上供所有人檢視。剛才還屬於自己的創意，此刻成了大家的所有物。在會議室裡，創意是公共財，不屬於任何人。創意已經離開原創者身邊，從現在開始，人人都需要發揮高度專注力。打造出真正屬於我們的創意，從現在起，我們需要非常仔細。

一開始，我們會把大家都很喜歡的創意挑出來。如果這個創意可以只憑一己之力就兼顧各個層面，那自然是再好不過，只可惜這種情況少之又少。**因為比起來自於「我」一個人的創意，加入「我們」的想法後，創意的力量總是會更加強大，這是不變的真理。**

因此我們必須試著結合不同的創意，從別人的創意中挑出吸引我們的特點，並將這個特點融入一開始挑選出來的創意裡。我們會加入某人拿來當作範例的一句話、再加入另一個人拿來的理論。無論想法再簡單、再小，只要這個創意夠亮眼，就會先拿來做搭配。當我們覺得「這樣似乎可以了」時，總會有人說：「好像還是不太對，如果在這裡加個幾筆，看起來應該會更像樣。」一邊說著，還一邊替我們剛剛畫好的樹加上幾根樹枝。畫好後又有人說：「我們還有沒有漏掉什麼？」於是我們再好好觀察這棵剛剛畫出來的樹，這棵樹現在似乎比較有模有樣了。好，那就繼續畫下一棵樹吧。

我們把剛完成的那棵樹推到一旁，開始畫起另一棵新的樹。創作過程都一樣，將最具吸引力的創意當成樹幹，再以其他人的創意當作枝枒、葉子。有些擔憂會成為新的樹枝，有些靈感會成為意料之外的照明，使這棵樹變得更加搶眼。就這樣，會議室裡又長出了一棵可靠的大樹。

這個過程讓大家都非常快樂。世上只有此刻坐在會議室裡的人知道這些創意，就在我們的努力之下，原本不存在於這個世界的樹木，瞬間在會議室裡拔地而起，一棵接著一棵，形成一片蒼鬱的森林。為了讓這些創意的大樹能成功存活，我們整組五個人會同心協力。

一想到有機會用這些創意說服企劃組、廣告主，讓它們能真正付諸實行，我們就興奮無比。只是在會議室裡，我們會盡量避免去想之後的事，因為那又是另一個難關。此刻，我們只希望自己眼中這些看似完美的大樹，能在那些場合也發揮它的力量。到了那時，有些枝枒會被剪掉、有些葉子會長得比想像中茂盛，還會有意外的鳥兒飛來築巢。但無論如何成長，我們都希望在會議室裡畫出的樹永遠不要消失。

剛走進會議室時，我們還覺得自己是全世界最悲慘的人。但只是跟組員一起坐在會議室裡討論、單純說出每一個創意的優點，竟然就畫出這麼了不起的大樹，真令人吃驚！我們沒有超能力，更不是經常能突發奇想的創意奇才，卻做出這樣的結果！空蕩蕩的會議室在我們的努力下，長出了一片森林。

我想也許就是為了這片森林，會議室才總是簡陋且空曠吧。每結束一場這樣激勵人心的會議，我們都無法輕易離開座位。每個人都一臉心滿意足，呆坐在原地不肯離開。我想大家之所以遲遲不肯走，肯定是希望能多看看這些威風凜凜的大樹，也是打從心底期盼其他人能看看我們捏塑出來的創意。

哎呀，才寫到這裡我就覺得好激動。能有這樣的成果、如此令人滿足的會議體驗，讓我覺得自己真的好喜歡開會，實在不知道該怎麼樣才能不喜歡開會。就是因為這樣，我才總是每天都跟大家說：

「我們來開會吧。」

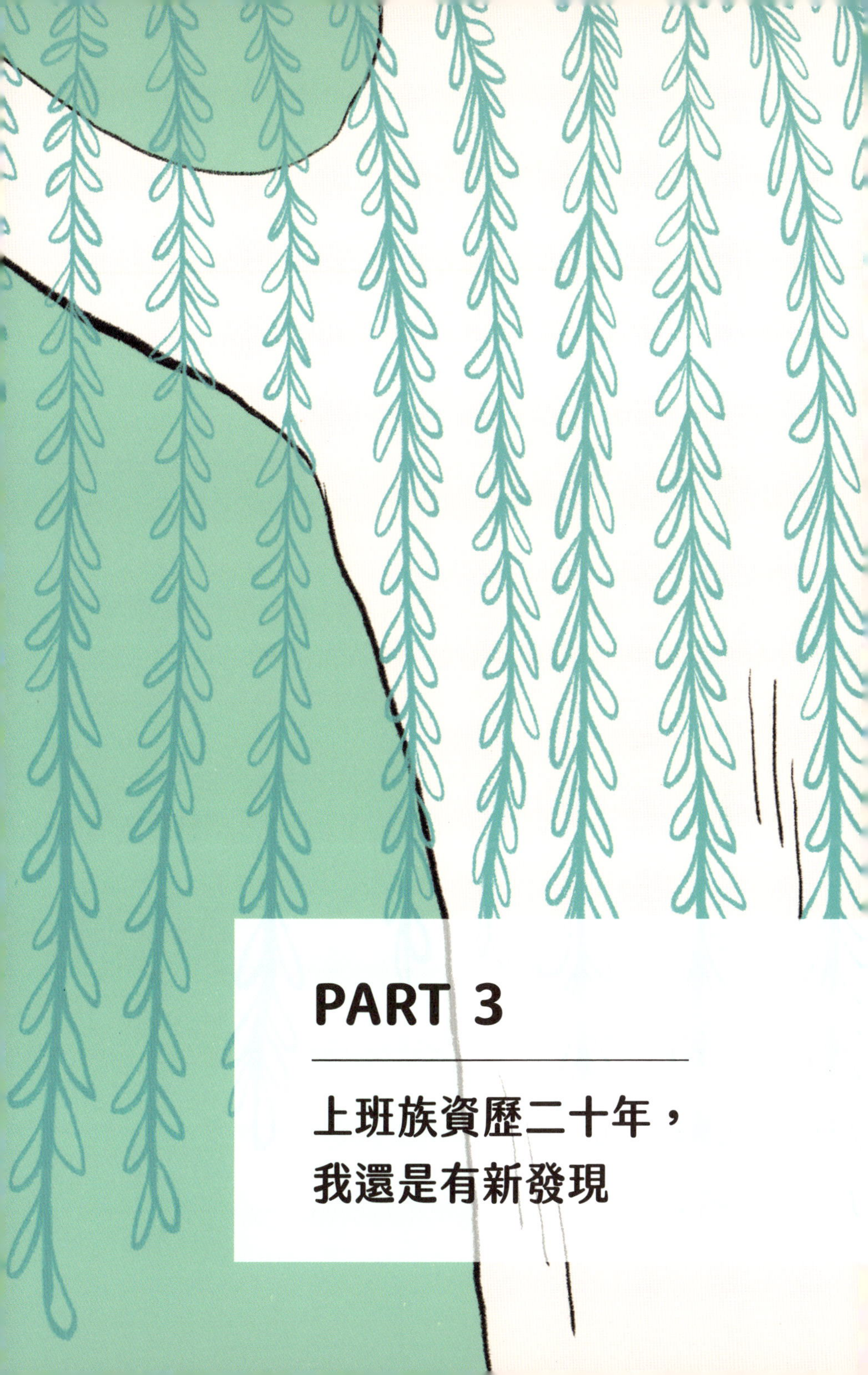

PART 3

上班族資歷二十年，我還是有新發現

找到公司裡最重要的事

「你這個沒上過班的傢伙！」這種話，通常都是用來貶低一個人不知民間疾苦。但對某個人來說，這句話卻是一種讚賞，那個人就是《未生》的作者尹胎鎬。從來沒上過班的人，怎麼有辦法畫出這種漫畫？其實尹胎鎬作家也曾經隸屬於某個類似公司的社會組織，只是沒有任職大企業的經驗，卻能畫出《未生》這部漫畫，寫實地描述大企業的生態。不僅故事超有趣，也能從中看出他過人的洞察力與說服力（我就是想把所有稱讚的詞彙都拿出來用在他身上）。我相信為了做到這個程度一定做過很多努力。一想到這裡，我實在捨不得一下就把漫畫看完。當然，想趕快看後續劇情的心情，總是會贏過對作家感到不好意思的心情。

每次看《未生》，有一個場景都會讓我想當場下跪膜拜作者。那個我總是無法輕易跳過，每看必激動的場景，就是描述主動揭露朴科長於約旦事業收賄之後，吳科長的團隊所面臨的情況。接獲檢舉後，公司啟動監察程序，並緊急對所有員工展開倫理教育。收賄的人跟批准事業的人紛紛辭職，公司裡有些人同情這些收賄者，認為大家同事一場，吳科長他們實在不需要這樣不留情面。在這樣窘迫的情況下，吳科長與營業三組始終不發一語，默默做自己的事。他們沒有宣揚自己的豐功偉業，沒有試圖把自己塑造成懲奸除惡的英雄，也沒有到處宣揚不為人知的內情以博取同情，更沒有反駁那些同情論者，就只是專注在工作上。

營業三組十分安靜。沒有人提起朴科長的事，大家都沉默不語。我們所創造的成果與其說是開心，更接近於令人難過、惋惜。（中略）也許是這樣，大家才用工作來逃避吧。我們能做的，也就只有工作了。

——節錄自《未生》

吳科長選擇不去看團隊裡的空缺，而是緊緊黏在辦公桌前。他的背影彷彿在告訴所有人：我現在能做的也只有工作了。每每看到這一幕，我都一定會哭。漫畫連載期間我在公司邊看邊哭，後來重溫也還是會在這段哭出來。出版單行本後，我買回來重看又哭了一遍，而且此刻的我依然在哭。我太了解那種心情了，實在沒辦法不想起自己經歷這種情緒的當下，因此完全無法跳過這段劇情。

「一帆風順的職場生活」大概是個只存在於神話的概念，世上才沒有這種東西。無論一個人外表看似再怎麼一帆風順，只要稍稍窺探他的職場生活，就會發現他一定遭遇過許多困難，內心早已傷痕累累。天底下哪有什麼一帆風順？上過班的人都知道，你會因為不想看到某個人的臉而選擇不吃午餐、會光想到某個人的聲音就呼吸困難，甚至某些時刻會讓你根本不想出門上班。我當然也一樣。不過在這裡細數我崎嶇的職場生活，也沒有太大意義。我不想把能量用來詆毀別人，更不想細細回想當時無比痛苦的自己。只不過一想到當時的自己，我總會忍不住聯想到拚命往前跑的賽馬，這確實會讓我想好好擁抱一下當時的那個我。

賽馬在比賽時，眼睛的左右兩側都會被遮住，讓牠們只能拚命往前跑。馬跟人不同，眼睛在臉的左右兩側，若不戴上眼罩遮住視線，便能看見四周的景色。在旁並肩奔跑的馬匹、遠方吶喊加油的人聲，對賽馬來說都是太大的刺激。所以必須戴上眼罩，有時甚至得塞住耳朵。牠們的目標只有終點，只能往前跑。賽馬必須不看任何其他事物、不聽其他聲音，一步一步咯噔咯噔向前跑。牠們今天來到這座賽場，目的就只是為了跑。

每當我遇到危險，我就會像賽馬一樣狂奔，選擇對其他事視而不見，目光只看一處。是的，我跟吳科長一樣，會用工作來逃避現實。畢竟除了工作，我也沒什麼好做的。當組長跟同事紛紛辭職，留下堆積如山的工作時，我依然坐在位置上埋頭苦幹。

我頭也不回，不去看身旁那一直空著的座位，一個人把A提案到D提案的文案全部寫完、一個人從中選出最好的文案，並把成果寄給廣告主。收到回饋後，我一個人配著咖啡改稿，拿著改好的稿子進錄音室。即使有人來找我，問我究竟發生了什麼事，我也不會多做解釋。要是非要一一說清楚，那得耗費太多能量。

隔壁組的人特地為了我安排一次酒局，我卻跑到不太會喝酒的同事家裡躲著。在充滿政治意涵的言語與自私批判滿天飛的戰場上，我若無其事地維持一號表情做自己的事。我每天都用最快的速度處理完工作，便逃回家躲起來。即便奇怪的前輩天天纏著我想聽八卦，我依然閉口不語。我一個人吃午餐，吃完就回座位上繼續工作。我專注在工作上，避免該做的事擠在一起，變得一團混亂。因為我今天來公司，就是為了把工作做好。

我眼裡只有工作，一步一步慢慢前進。每天上班，我都在想今天有什麼事要做，下班時則在思考有沒有漏掉什麼沒做。而最令我意外的是，即便每天都這麼專注地把事情處理完，隔天仍會有新的事情需要我專心處理。我也曾經像吳科長一樣躲進工作裡，試圖讓自己平安度過某個驚滔駭浪的時期。

當時大搞政治的人、折磨我的人、在背後扯腿的人，現在全都從我眼前消失了。這些人現在想必也都吃好睡好，但在這一切的最後，存活下來的只有我。畢竟在當時，只有我一個人不理會其他事，只專注於工作。我默默堅守崗位，贏得工作對我的信任，也讓我得到他人的信任。當然我很清楚，這並非職場生活的全部，職場有政治、有人際關係、有無恥的手段，也有堅定不移的同志情誼，但那些都不是我手中的牌。越是面對這樣的情況，我越要握緊手中的工作。因為這裡是公司，我們聚在這裡，都是為了工作。《未生》裡的吳科長，不是早就說過了：

既然來到公司，那就專心工作啦，工作。不要轉移注意力。你們知道為什麼人很容易無法自拔地沉迷遊戲嗎？是因為開始玩遊戲才有機會沉迷啊。明明是該來工作的，卻玩起了遊戲，你當然會身陷在遊戲裡。

——節錄自《未生》

當然，這或許是我跟吳科長的方式。有些人會依靠了解自己的同事撐過艱困時期、有些人選擇仰賴可靠的上司突破困境、有些人依賴酒精、有些人離職，有些人會正面迎戰。可能的方法有很多，但我唯一不建議的，就是讓自己加入並沉迷於權力遊戲。大家都很清楚，即便是奧運，要有一場乾淨的比賽也不是件易事，而現實生活只會比運動競賽更混亂。這裡沒有事先訂好的規則、沒有裁判。你會發現你以為的裁判其實是對方的人，對方根本不打算公平競爭，贏的可能性微乎其微。你以為開始這場遊戲是為了保護自己，殊不知從踏入其中的那一刻起，就已經身陷泥淖。

有時候我們必須把眼光放寬、放高、放遠，有時候則需要放窄、放低、小。專注在最重要的事情上，不去理會其他不重要的。你要決定在這段時間裡，自己的視線得放在哪裡，明確告訴自己什麼才是最重要的。而對我來說，最重要的就是工作，畢竟這裡是公司。

那才不是你以為的較量

1

「那個女組長太情緒化了……」

真奇怪，形容人的詞彙應該有五兆五千五百萬個，為何在批判女性上司時，總是籠統地使用「情緒化」？如果再深入一點，還會用上「神經質」這個詞。無論是哪個詞，聽到這番評論的人，總會露出「就是說啊」的表情。他們會點點頭並開始思考，覺得這個被批評的人確實有情緒化且神經質的一面，果然那個年紀的女人都是如此。

最神奇的是，無論男女老少都會這樣批評女性。女性批評女性上司、男性批評女性後輩，都會用同樣的字眼。媒體自然也不例外。希拉蕊在角逐美國總統時，也有媒體評論她是「女人太情緒化，不適合當總統」。

「女人＝情緒化」，這個框架很好理解，不需多做什麼說明，早已在社會上有穩固的立足之地，媒體更是不斷複誦。多虧於此，每每聽到別人說「女人＝情緒化」，我都會在腦中不自覺將這個公式延續下去，「女人＝情緒化＝不理性＝不適合一起工作」。現在「情緒化」這個詞，對女人來說已經等同普羅克瑞提斯之床[*6]。一旦躺上「情緒化」這張床，沒有女人能夠倖存，因此這個詞總會拿來攻擊女性。

女人被排除在升遷名單之外時、女人被從工作成果中除名時、女人的機會被剝奪時，「情緒化」都會毫不留情地現身。只要貼上「情緒化」標籤，人們就能更輕鬆地去解釋每一件事。只要套上這個框架，事情的脈絡會消失，這場不公平的運動會也會停止。更卑鄙的是，這個框架會將所有事的責任歸咎於當事人。當事人會產生深深的罪惡感，握有權力的一方瞬間就能掌控話語權。要上哪去找這麼有效、這麼簡單的框架呢？

在會議室裡大吼大叫的男性、莫名其妙對下屬生氣的男性，為何人們都不會說這個男人「情緒化」？為何他們能倖免於「情緒化」之外？你說事實不完全是如此嗎？那為何面對一個無比冷漠的男性，人們會說他「冷靜睿智」，女性卻會說她「冷酷無情」，有些人甚至會試圖以「性格頑強」汙名化女性。為何面對同樣的狀況卻要選擇不同的用詞？這種對女性再顯眼不過的批判、毫無誠意的評價，究竟要持續到何時？

＊6：Procrustean's bed，出自希臘神話。普羅克瑞提斯有一張鐵床宣稱適合所有的人，他卻將身長者截斷，身矮者拉長，強行使其與床的長短相等。衍伸為「將一切事物強行套入單一視角」之義。

2

「三名女組長湊在一起，那個氣勢的較量真是……」

後輩才說到這裡，我就覺得有些不舒服，但這不是他的錯。因為一直以來，這個詞就反覆被使用、誤用與濫用，最後成了定義女性關係的根本框架。但不對的事，就是該指出來。

「幾個女人湊在一起工作，意見當然有分歧的時候，我們還是別跟其他人一樣，硬把這種單純的交流說成『較量』吧。一說『較量』，會讓人覺得是為了小事爭執。這樣一來，男人最喜歡的『女人的敵人永遠都是女人』這個公式，不就剛好能用在這了嗎？我們之間還是別這樣了。」

記得綜藝節目《街頭女戰士》正紅時，我很好奇那是什麼節目，所以特地找來看，卻只看一集就放棄了。為了突顯「女人之間的較量」這個老套的框架，剪接總是集中在誇張的表現與動作，我的精神實在不足以承受這樣的內容。剪接很明顯就是刻意要凸顯「較量」，想將女性塑造成老愛拿一些不重要的事情來做不必要較量的生物。為了讓人們認為女性原本就是這樣的生物，利用剪接將女性之間的關係拉到更低的層次。

這檔節目成功後，電視臺又宣布要籌拍《街頭男戰士》。製作發表會那天，聽到負責這兩檔節目的男性首席製作人的發言，我明白自己放棄節目是合理的選擇。他說：

「女舞者跟男舞者的生存節目不一樣。女舞者的生存節目充斥嫉妒、慾望，男舞者則經常展現義氣與自尊心。」

女舞者為節目製作人帶來這麼大的成功，他這番話卻在在顯示了他絲毫不講任何義氣，也沒有所謂的自尊心。多虧這番發言，我看清了他將女舞者放在怎樣的框架裡，我也因此更明白他的觀念有多麼偏頗、守舊、狹隘。

但參賽者可不是會被限縮在這種框架中的女人。參賽者對跳舞的熱情、個人魅力，衝破了製作團隊賦予的框架。在社會上掀起話題的不是他們詆毀對手，而是他們對彼此的尊重。讓人一再重播的畫面不是節目中兩名隊長為了過去的事互看不順眼，而是展開一段舞蹈對決，帶來彷彿練習無數次的即興表演。看見她們一起跳完舞後熱烈擁抱彼此，而不是忌諱與對方交流，所有人都成為這個節目的狂熱者。

說這話也許對那些喜歡說女人愛較量的人有些不好意思。但女人之間會爭論、會正當競爭、會彼此合作、會相互鼓勵與支持。還有，老天爺啊！女人還會一起歡笑。**你們喜歡的那種嫉妒較量的框架，只是你們自己個人的幻想，跟我們一點關係也沒有。**

3

德國歷任最長壽的總理梅克爾，創下執政十六年的紀錄。聽說她卸任時，甚至有德國年輕人好奇地問：「男人有辦法當總理嗎？」「男人都很衝動，有辦法坐上這麼重要的位置嗎？」因為他們這輩子從來沒看過男性總理。

那韓國呢？韓美高峰會上有外國媒體詢問韓國總統：「韓國政府內閣為何如此偏好啟用男性？為了實現男女平等，您有什麼計畫？」我們的政府卻無法正面回答這個問題。

梅克爾卸任後，男性登上總理之位，德國並沒有因此完蛋，也許會繼續像以前一樣吧。但我想說的是，在只有男性能登上領導者之位的這個社會，並不會因為女性成為領導者，社會系統就變得情緒化、人們就會開始相互較量。我們需要更多女性組長、女性高階主管、女性代表、女性部會首長、女性政治人物。我們需要更多女性帶領組織，獲得領導者的經驗。

4

再說一下《街頭女戰士》吧。我第一集就覺得無聊，因而放棄收看，最後是朋友的一句話讓我再度坐到電視機前。

「節目裡真的可以看到很多不同的女性領導風範。」

聽她這麼一說，我眼前一亮。如果要形容女性的領導風範，大多數人只能舉出「像母親的」、「沒有上下關係的」、「包容的」等形容詞。我覺得這些詞彙已經限縮了女性，怎麼可能有什麼不同領導風範。沒想到那個節目讓我看見了霸氣十足的女性；會跟組員共同討論以尋求解答的女性；年紀雖比組員小，卻比誰都堅強的女性。她們以自己的方式創造出精采的表演，令所有人為之瘋狂，實在不能只有我自己看到！於是我立刻把節目推薦給另一位女性組長。她也說：

「我一開始有看，但後來就關掉了。」

「那真的是女性領導風範的饗宴耶，妳一定要看下去。」

聽完我的話，她的雙眼也開始發亮。過沒幾天，她興奮地告訴我：「怎麼節目裡每個人都這麼帥啊？」

看這檔節目時我常在想，其中跟我最像的領導者是誰？但就算我想破頭，還去問其他人，都找不到一個明確的答案。我想那或許是因為，我已經成為一個最像我自己的組長。由自己說出這種話實在有些不好意思，但我很勇敢、有活力、聲音很大、說過的話絕不會改口，雖然偶爾會因此遭遇困難，但我仍是個直率、合乎邏輯，責任感強烈的組長。這些都是我在擔任組長時親耳聽到別人說的。

這就是女性的領導風範嗎？我也不知道。我只是以自己的方式在當組長，我想社會上的每一位女性都是如此。大家都是以各自的方式成為組長，和男人並無不同。

設定一個遙遠的目標，慢慢朝它前進

有個小故事，能讓大家知道我當組員時有多麼魯莽。

某次在聚餐場合上，我跟組長說：「組長，我真的真的很喜歡你。」

這句話真是一點誇張的成分也沒有，當初就是因為組長錄取了我，我才能成為廣告文案。也是多虧組長才能遇見好同事、做出好廣告、一直在一個好團隊裡工作。還不只如此。組長帶我認識了全新的美酒世界、推我去面對全新挑戰。而且組長跟我的閱讀口味也很類似，成為我最可靠的讀友。我實在沒有理由不喜歡組長。但你可能會好奇，我怎麼會喝酒喝到一半突然告白？我還沒說完呢。韓國人講話就是要聽到最後啊。

「不過啊，我最喜歡組長的時候，就是組長去休假的時候。」

組長哈哈大笑，無奈地搖了搖頭。是啊，我根本不可能只說感激組長的話，一定還會有些挖苦，我就是這麼口無遮攔。組長臉上的笑容彷彿是在說：「我休假前一天來聚餐，居然還要聽妳講這種話。」哎呀，但我真的打從心底這麼想啊。

當上組長後，我也把自己曾經說過的話再拿出來講給自己聽。組長本身就不容易被喜歡，即便受組員喜愛也不可能單純只被喜愛。這跟我是個怎樣的組長無關，只因為組長就是要不斷督促組員、逼組員把事情做得更好，有時候還得故意跟組員作對，或說話時必須刻意提高音量以示威嚴，偶爾也得說一些冷酷的話，這些都是組長的工作。但即便如此，我的組長仍是備受組員尊敬的主管。他總會精準點出關鍵，帶我們往沒人注意到的方向走，並且在必要時負起責任，也總是會給組員應有的自由與責任。他真的有很多優點（雞婆多說一句，當然也有缺點。人人都有缺點，組長當然也不可能毫無缺點），但如果要問我，我的組長是怎樣的人，我想我會說他是個「能把目光放遠的人」。

他總能注意到組員想不到的地方，要大家一起往那裡前進。在指派工作時，組長也總是把目光放得很遠。當我們汲汲營營於眼前，他卻像照亮遠方的燈，果決地為我們指出意想不到的目標。那個目標看起來就像另一個銀河系的行星，遙遠到甚至無法推測距離。我們居然要去那裡嗎？實在遠到難以置信，但只要繼續埋頭苦幹，回過神來常常發現，我們竟真的抵達了！

除了工作，組長也會替每位組員的生活設定一個遙遠的目標，試著讓大家靠自己的力量抵達目的地。在這一點上我真的很尊敬他。他究竟是看見了我的什麼長處，才這樣毫不猶豫地替我設定這麼遙遠的目標？我的能力，真能回應他的堅定嗎？

記得我剛升上代理時，某天組長把我叫過去。

「妳寫一下這次競標提案的大綱吧。」

「競標提案的大綱？我寫？」

「對。」

各位可能會以為這件事很容易，但其實組長指派給我的任務，是要我負責構思提案報告的第一頁到最後一頁。我從沒做過這件事，也沒聽過像我資歷這麼淺的人來負責這件事。但能怎麼辦？既然是組長的指示，我也只能想辦法寫出來了。寫完後我向組長報告，他認真聽完我的說明，最後只說：

「辛苦了，我來整理一下。」

幾個小時後，組長版本的大綱交到我手裡，跟我當初寫的完全不一樣，我立刻就明白自己寫的大綱遠遠不足。金歐澈，妳搞砸了，徹底讓一個機會給飛了。既然沒通過測試，我自然以為自己的發展就到此為止，沒想到組長絲毫不打算放棄我。沒過多久，我又被指派同樣的任務。

「這次的提案大綱也給妳寫吧。」

雖然我比上次更認真，結果仍然一樣。組長看完後，直接寫了一個自己的版本轉交給我。我又失敗了。我身上有一個明確的烙印，我又失敗了。我拚命在心裡責怪自己，真是個沒用的傢伙！但組長還是沒放棄我，因為沒過多久，他又給了我一模一樣的任務。

這次我有些自暴自棄，心想反正一定又會失敗，如果這次還是不行，組長就不會再給我機會了。但這樣的自暴自棄反倒讓我的心態輕鬆許多。我行雲流水般地寫好後交給組長，便把視線轉向天花板，看都不敢看他。人果然天生就會想逃避殘酷的事情在眼前上演，我也不例外。

「妳整理得很好耶，就照著這個架構做簡報吧。」

「什麼？照這樣嗎？不用修改嗎？」

「嗯，妳寫得很好，辛苦了。」

我永遠忘不了當下的衝擊。在我自己都放棄的情況下，組長究竟是抱持怎樣的心情，始終沒有放棄，一直替我設定目標？**他不會任意評斷一個組員有沒有能力，而是會持續鼓勵他往目標前進、成為一個有用的人。**後來，組長又不斷為我設定新的目標。這次妳就試著寫文案吧、這次妳就負責這個專案吧、這次的簡報就由妳來吧。每次交待完任務，他都一定會說：「有我在，不要擔心，放手去試試看吧。」

那麼，我是個怎樣的組長呢？實在好想聽實話。如果聽到稱讚，我想我可能會太過相信那些讚美；但要是聽到批評，我或許會不斷回想那些批評，因此我決定放棄詢問。不過，我知道組員們喜歡捉弄我，也不避諱在我面前閒聊。每次他們去了什麼好地方，都會說下次要帶我一起去。從這些表現來看，我確實不是個難相處的組長。這點我也親自確認過。

「我應該不是個可怕的組長吧？」

「組長，妳覺得自己不可怕喔？妳超可怕的耶。」

聽完他們的回答，我的想法更複雜了。讓我開始去想自己究竟哪裡可怕，但要是我真的很可怕，他們應該不會在我面前說出來吧？最後我決定不再深究。

我知道我以自己的方式努力在當組長，也做出了一些成果。無論如何，現在輪到我來為自己設定一個遙遠的目標了，那是一個理想組長的榜樣，雖然目標還在很遠的地方，但我時時刻刻都在努力朝目標前進，希望自己成為一個有威嚴卻不威權的組長。即使我的社交能力趨近於零，我也會盡力跟夥伴交流，想盡辦法完成自己的責任，成為一個合乎常理的組長。

我認為每個人終究都要替自己在遠方設立一個目標，並且努力划著槳朝目標前進。沒有人能代替你划槳，你也無法耍心機抄捷徑。只要我們相信自己在工作上能成為更好的人，努力朝設定好的方向前進，偶爾就會有風、會有水流稍稍推動我們乘坐的獨木舟。那些力量會幫助我們遠離那些自己不想成為的模樣，讓這艘名為「我」的獨木舟，朝著自己理想的榜樣前進。

組長很愛喝酒（尤其是啤酒！）

他會用我完全無法想像的酒量，
豪爽地為這一天畫下句點。
隔天又對自己過度攝取酒精而後悔，
甚至還會跟組員訴苦。

但我從來沒見他喝醉過，真讓人羨慕！
（這也是一種能力啊……）

能不受影響、享受自己喜歡事物的能力，
超羨慕的。

那組長……
我可以稱呼你為鯨魚*嗎？

*韓文中會用「鯨魚」來形容酒鬼。

我去跟客戶開會囉~~~~~~

借用大家的腦袋

《狗狗心事》這部電影上映已超過十年，但每一個場景依然深刻烙印在我的腦海中。這部電影中有一個以廣告公司為背景的小故事。電影開頭是一個相當平凡的狗飼料廣告，接著描述這個廣告隨著廣告主的一句話（老闆喜歡演歌，背景音樂請使用演歌）、模特兒經紀公司的一句話（麻煩請從頭到尾都要突顯我們的模特兒，不要去管狗）、廣告主的追加修正事項（請強調飼料中的成分，要在開頭用大大的字幕告訴觀眾），使得這支廣告無法依照原本的路徑前進，最後成了搞不清楚重點的詭異垃圾。

當時我跟同事看得哈哈大笑，笑到最後卻感到一絲苦澀，只能慢慢收回笑容。畢竟我們每天的工作不是其他，就是看著來自各界的意見陷入苦惱。

提案交出去後的每一刻，都會有來自四面八方的回饋。例如文案必須放入特定詞彙、模特兒的下巴要修尖一點、字體再大一些、要用更吸引人的音樂、希望更突顯產品、不要太著重在產品的長處（？）、希望突顯產品但產品不要太搶眼（？？）、希望背景更黑一點（已經是百分之百的黑色了）、廣告詞不要太多，但要一一把優點列出來……這些意見如雪片般飛來，很多要求都跟「我要一杯熱的冰美式」一樣矛盾。而收到這些的我們，情緒也自然像洗三溫暖。

有些回饋會使我們因為想得不夠周全而羞愧，打醒陷入工作慣性的我們，讓我們再次使出全力，甚至會自動自發煩惱到深夜。相反的，有些回饋使我們憤怒，使我們收回對該品牌的真心，最終抽離自己的靈魂，以行屍走肉的狀態工作。那些以「回饋」之名來到我們手上的無數意見，有好也有壞。

有一次，我在剪接室跟導演、剪接師一起看剪好的成品，看著看著我便開始煩惱，因為成果跟我想像得差了十萬八千里，或許是我的說明不夠充分，又或是他們的想法走錯了路，總之最後的成品需要大幅修改。請刪掉這個鏡頭、請放入那個畫面，這個畫面麻煩換成之前在拍攝時看過的那一個，希望這個鏡頭可以再短一點。我的要求沒有一絲猶豫，依照我的想像增減。修改完後，成品卻失去了所有的魅力，變得一無是處。明明已經依照我的想法去做了，結果卻與我的想像大相逕庭。我開始慌張，似乎哪裡出了錯，但到底是哪裡？現在籠罩整間剪接室的無力感又是什麼？所有人都雙手抱胸，似乎隱約在問我：「好啦，我們都依照妳說的做了，現在呢？」我是創意總監，但我的指導似乎出了問題，究竟是哪裡有問題？

剪接師跟我一起陷入沉默。我看著他的手，突然想通了什麼。我的這些回饋只動用了剪接師的手，卻讓坐在旁邊的導演成了沒用的稻草人。面前就有剪接專家和影像專家，我卻沒讓他們參與，根本就不尊重他們的專業，使他們的專業變得無用武之地，好像我才是這個專案中唯一的專家。

這時，我才調整自己的坐姿，正襟危坐地跟導演和剪接師說明，這支影片中我認為最重要的部分是什麼、希望影片能特別強調那些東西。所以我才認為不需要那個畫面、認為這個鏡頭應該再長一點。可是依照我說的去做，出來的成品卻無法讓我滿意，我現在也不知道該怎麼辦了。我坦白說出自己的想法後，導演便接著說：

「啊，這樣的話，那我們剛才給你看的影片的確不符合要求。把你剛才說不錯的鏡頭拉長一點放到前面⋯⋯」

剪接師也立刻提出意見。有了導演和剪接師的意見後，影片逐漸往我理想的方向前進。不是只靠剪接師的手、我一個人的嘴，而是大家一起動腦，不知不覺，影片抵達了我理想的終點，甚至比我想的更好。

好的回饋是正確傳達需求、是懂得借助對方的專業與想法、讓收到回饋的人能以專案的一份子參與其中。至少我是這樣想的。尤其我的工作必須與許多人交流，借助他們的專業才能完成每一個專案，這絕非靠我一個人就能達成。

每一個上班族在工作上都或多或少需要依靠別人的能力。從後輩、同事到前輩，當他們各自發揮長才，就能使工作成果更加亮眼。如果想獲得這樣的結果，那連團隊裡的實習生都需要被指派工作，也需要得到回饋，讓他們發揮所長。**我們所給出的回饋，必須要能讓對方想動起來去做事。**

這也是為什麼我總是堅持，給予回饋時不該只用一句話敘述個人要求，而是要盡量詳細描述手上的資訊，從廣告主的喜好、預期會有的反應，甚至是成品的特殊象徵及絕不能錯過的關鍵，能給的東西全都要給。要盡量說明，讓對方知道自己為何下這樣的判斷、為何想強調特定的部分。

雖然有時候，我們還是會需要「麻煩字體再大一點」這樣簡單的回饋。但我們都知道，這句話真正的意思不是放大字體，而是希望能藉這個方法更突顯那一句話。憑我的能力，實在無法有效讓成品達到我的要求。既然如此，我就必須好好解釋當前面臨的情況，讓專家能以此為基礎，動用他的專業去思考最好的方法。若想這麼做，不僅得借助設計師的手，更該借助他們的腦袋，甚至是他們的心。

喜歡單方面給予回饋的人，聽到我接下來要說的話可能會大受打擊，但我還是想說，比起憑你一個人的想法所得出的成果，幾個人同心協力、集思廣益的成品，通常都出色到令你望塵莫及。

當然，要做到這點並不容易。當我們被忙碌的日常席捲，偶爾會發現自己不知從何時起，又成了一個只會給出壞回饋的人。幸好當我的回饋太誇張時，組員會提醒我。他們會出聲反對、問我原因，而我則會調整姿態。為了讓他們理解，拿出所有資訊和經驗解釋，在過程中有時會找出更好的方法、得到更好的結果，那都比我一個人埋頭苦幹或憑空想像好上許多。

聽說皮克斯的每一部電影都必須通過一個考驗。在一部電影剛做好時，不光是參與電影製作的每一個人，連皮克斯內部的所有導演和製作人都會一起觀賞，並各自提出意見。這個場合稱為「智囊團會議」（Braintrust），也就是邀請每個專家來，借用他們腦袋的力量。在這裡，每個領域的專家都會拿著顯微鏡與手術刀仔細剖析眼前的電影。皮克斯的每一部電影都必須經歷五次的智囊團會議才能上映，真是光想就頭皮發麻、渾身顫抖。竟然要接受我最敬重的同事以最直率、尖銳、毫無保留，有時還會極為不適的方式給出五次回饋⋯⋯

不過，在這樣的場合給予回饋時，還是有一定的規範必須遵守。那就是人人都能給出回饋，但解決方法必須由導演自己去找。專家們就像真正的智囊團，只給意見但不做任何決定，相信負責創作這部電影的導演，把棒子重新交回他手上。

身為組長的我總是在煩惱該如何相信跟我一起工作的人的腦袋、煩惱該如何以好回饋換得好同事。畢竟我心知肚明縱使我一個人的力量微不足道，但只要跟同事在一起，我們的爆發力就能抵達無人料想得到的遠方。

打造理想團隊的「水理論」

開會前三十分鐘，團隊裡的兩名代理吵了起來。

「唉唷，不要看啦。」

「給我看一下嘛，一下下就好。」

顯然，他們其中一人靈感枯竭，而另一個人已經做足準備蓄勢待發。靈感枯竭的那邊想獲得一些提示，想偷看另一個人的電腦，這是廣告公司悠久的傳統。他們一個努力阻止對方，另一個則努力想看上一眼，最後是我站了出來。

「三十分鐘後就要給大家看了，有什麼好不給他看的？還有，就算你沒提出想法，大家也不會說你什麼，有什麼好看的？唉唷，這麼幼稚，你們是高中生喔？」

「但會議開始前讓別人看自己的點子，還是有點那個嘛。」

「有點哪個？我以前一天到晚給大家看。」

「真的嗎？」

真的，我總是毫無保留。每天早上來公司一坐到位置上，藝術總監就會跑來偷偷問我：「有什麼想法了嗎？」

「嗯，昨天有想出一些，今天來的路上也再想了一下。」

「我覺得這好難喔，實在是想不出來。」

「是喔？我是這樣想的啦⋯⋯」

我是真的一點也不在乎提前把自己的想法告訴別人。反正再過幾個小時就要公開，既然現在同事這麼困擾，那把我的想法告訴他們，說不定能發想出更棒的內容。如果這段時間裡能有誰想出更棒的創意，那我們的廣告就會更好。也幸好這個同事不會搶走我的創意，如果我的想法能稍微給他一點幫助，他也都會在開會時特別提及我的貢獻。

「其實我早上有先聽過歐澈的想法，然後再以那個為基礎深入發想了一下⋯⋯」

這位朋友現在是隔壁的組長，最近我們也聊起那時的事情。

「我最近發現我們團隊的小朋友，開會前都不會分享自己的想法耶。我們那時候沒有這樣吧？沒靈感時都會互相分享啊。」

結果這位朋友盯著我說：「歐澈，其實只有你會這樣。」

啊，是嗎？難道我的「水理論」又再一次得到驗證了嗎？

這不是什麼多了不起的理論，是大家都知道的事情，我只是幫它取了個名字而已。這個理論是說人就像水，會隨著對方的想法、行動而產生不同變化。如果一個人溫柔好相處，那就算對方個性挑剔，也會隨著這個人拿出他少見的溫柔；但如果一個人自私自利，對方自然也會凡事計較、難以相處。就只是個再簡單不過的真理，每每想起這個理論，我就更清楚自己是以怎樣的態度在面對團隊。我不喜歡把力氣花在沒用的地方，上班已經夠累了，何必還要在團隊裡搞什麼鬥爭或複雜的算計，這樣會太天真嗎？但兩個人相處，如果其中一方擺出無所謂的態度，那本想一決勝負的另一方自然也會失去競爭的慾望。

我想起一件往事。當時我們團隊負責一個非常大的廣告案，巨大的工作量壓在我們肩上。當時光是組員就有九人，然後再分成三人一個小組。也就是在一個大團隊裡，再細分成小團隊的結構。既然有三個小組，那無論工作量再大，我們應該都應付得來。可是真的接手後才發現，事情沒那麼容易。

時時刻刻都有新專案分發給我們，案子永遠沒有做完的一天。而每當有新專案下來，每個小組都會非常在意其他組的動態。這個專案會由誰負責？現在每個小組都很忙，但也都很有野心。所以大家不願意接新案子，又有點貪心地想要新專案。可是我們不能每次都這樣角力啊。我說過，上班已經很累了，實在受不了還要耍心機跟同事競爭。我覺得我們需要一個公平的機制，一個能讓所有人都無法提出異議、能服從結果的完美方法。

這個方法就是猜拳。

「我們猜拳決定吧。」

大家當然不會輕易同意我的提議。這感覺就像是用一個極為冒犯的方式，去決定一件極為神聖的事。但也沒有別的方法了。仔細想想，還有什麼決定命運的方式比猜拳更神聖？猜拳能力人人平等，也沒什麼能耍小聰明的地方，一秒就能決定命運。也是從這時開始，每當有新專案分配下來，九名組員就會擠進組長的房間。接著是一陣巨大的歡呼與短暫的嘆息，隨後自然是高亢的笑聲。組長一開始也覺得這方法很怪，但後來越來越從中獲得樂趣，他總是興致勃勃地等待結果出爐。如果對這種模式感到厭倦，我們偶爾也會稍微做一些變化，不是永遠讓輸的人負責。

「這個案子多棒啊，這次就讓猜拳贏的小組負責吧。」

經歷過那段時期，我更相信人就像水。每個人都有不同的個性與想法。有些人在工作上是出了名的貪心，也有些人總是置身事外，毫不在乎其他人。我們的年資都差不多，也都想在組長面前有好表現，但總是最先舉白旗投降的人是我。我完全不想跟大家較量，沒信心能贏得鬥爭但也不打算輸。多虧於此，我才能重新改寫競爭的規則，或者應該說，我讓競爭打從一開始就徹底消失了。

有時候團隊的氣氛會因為一個新人加入而改變。有些人為我們帶來必要的緊張感，有些人卻帶來消耗情緒的緊繃感；而有些人的加入，則能使有如一盤散沙的團隊團結起來；有些人雖然沒辦法提高大家的向心力，更沒做出什麼厲害的成果，卻在不知不覺間磨去每個人尖銳的稜角，使團隊變得更圓融。

根據我的水理論，你可能會是上述的每一種樣子。人們的反應會因你的立場而改變，你自然也會因人們的反應而改變。當然，人不可能一夕之間就有巨大的轉變，不過人的樣子卻會因為你的改變而逐漸不同。

現在，決定權都在你手上。配合你理想的團隊，決定你自己的樣子吧。你身邊的人也會配合你的樣子改變的，我這個理論可從來沒出過錯。

做決定，然後把決定變成對的

「組長」這兩個字，聽起來好像擁有什麼了不起的權力，可是一旦成為組長，都會知道不是這麼回事。這個角色必須負起棘手且頭疼的責任，握有的權力卻只有那麼一點點。組長這頭銜其實只是叫好聽的，他可是夾在下面的組員與上面的主管之間，身旁還站了很多其他組長耶。現在我也知道了，當上下左右同時施加壓力，組長就有可能原地爆炸。我還真希望自己永遠不知道這件事。

有一次，我們團隊負責一個很大的專案。畢竟是重要專案，事前的說明會參與度就十分踴躍。當時不光只有一、兩個執行團隊參與，就連高層都相當關注。每次我們整理好想法分享出去，大量的回饋便蜂擁而至。有些人會點出某個想法不錯，有些人則會強硬地說這條路行不通，這些回饋都還沒消化完，上頭的高層回饋又嘩啦啦湧入。當我們覺得似乎終於有個發想的大方向時，其他人的回饋又堵死了那條路。我可以確定，大家都認為這個專案非常、超級、無比、絕對重要。

當我們在畫紙上畫出一個還算端正的人，有人會說「這人的腳好像畫太短了」。修改後又有人說「希望這個人髮型更幹練一些」。雖然不知道他口中的「幹練」為何，但我們還是試著往那個方向修改了一下。改到最後，卻有人說「最關鍵的還是在於這人長得不好看」。實在是太難了，依照大家的想法一下改這裡、一下改那裡，毫無一致性的修改，最後當然會生出一隻怪物。

怪了，我們的創意怎麼會在不知不覺間變成奇怪的形狀？明明大家都很喜歡這個創意，也很認真發想，卻越做越不滿意，究竟怎麼回事？到底哪裡出了錯？

我再也受不了了，我必須做出決定。大家都想依照自己的喜好來掌控專案的發展，但這個專案的組長可是我啊！如果最後的成品很糟糕，組長必須負最大責任。我知道為了讓專案做出好結果，大家的回饋即便有些越界，都是為了幫上一點忙。既然目標是為了讓專案更好，那我現在非常清楚自己該做什麼。我要成為我理想中的組長。既然最後都是要負責，至少要用我滿意的結果出去分個高下。就在這時，又一封冗長的回饋信寄到信箱，就在組員們看完信，輕輕嘆了口氣的那一刻，我突然站起身來。

「我決定照我的意思來，我才是組長。」

啊，我真的忘不了當時廣告文案看著我的眼神。這幾天來，一直帶著不滿與無力的那雙眼睛，此刻突然恢復了生機。

「對啊，組長，就這樣吧，照我們的意思來。」

我們畫了一條線，將來自四面八方的回饋分成能接受跟不能接受的。如果有別人想越過這條線，我就要果斷拒絕。我一直告訴自己，我才是組長，無論我採取怎樣的態度，做出來的結果都是我的責任。我必須挑出我們能接納的回饋，並試著反映在成品上，做出讓我們滿意的結果。否則我不滿意的結果也會變成我的責任（幸好結果很棒，真是太幸運了）。

那時我才深刻認知到，組長究竟該扮演什麼角色。

組長是做決定的人。面對著無數的人、無數的意見，組長必須決定可以接納哪些聲音、要在哪裡出聲制止。在做出這個決定的時刻，組員或許會陪著組長一起面對，也或許會轉過身去不再為專案付出。

組長需要做的決定何止如此？從工作最瑣碎的細節到專案的大方向，常常都在等組長做決定。我知道「都在等組長做決定」這句話有多讓組長害怕。也知道面對這種時刻，連我都會忍不住想：我到底算什麼？我哪可能為每件事做決定、負責？我深知自己永遠都在擔心一旦決定了，要是出錯怎麼辦。我也知道每次我做完決定，還是會想「如果再多等一下，是不是就能做出更好的決定」。我為什麼會知道？因為每天、每一刻，我都在面對這些感受。而每到這個時候我總會想起一句話：

做決定，把決定變成對的。

當初我的組長把這句話告訴我時，我並未察覺這句話的重量。我不曉得要犯過多少錯、歷經多少煩惱，才得出這個結論。畢竟那時的我只是一個小員工，甚至不理解組長為何經常嘆著氣關上辦公室的門，又在那個空間裡度過了怎樣的時光。但隨著我的年資逐漸累積，我經常會想起那一刻，並且意識到：「啊，當時組長應該真的很累，說不定還有點害怕。」

我的預感並沒有錯。

「組長，你還記得那時的事嗎？」

「當然記得，哪可能忘記？當時我以為要完蛋了。一直到下決定前我都還很有信心，覺得往這個方向去就對了，肯定能做出很棒的東西。可是在會議上看到長期合作的廣告文案寫來的文案，我的信心一點一滴崩解。我當時覺得，認為這樣沒問題可能是我一個人的錯覺。距離提案剩沒幾天，我真的很擔心也很害怕。」

「害怕嗎？」

「當然怕啊。大家在我的帶領下走到現在，我卻沒有信心了。所以我才想，是我的決定錯了嗎？但我在之前會議上看到的可能性還在，似乎還不能說我錯了。我關上門後，整個上午都待在辦公室裡試寫各式各樣的文案，寫了幾個文案後才開始又有了信心，覺得這應該沒問題。」

那時我才終於知道，「做決定，把決定變成對的」這句話的重量、決斷、覺悟與責任。我想在這裡更深入解釋這句話的意義，是**「（我來）做決定，（我和我們）把決定變成對的」**。

做決定是組長的責任，但如果組長在正確的時間點做出必要的決定（即便決定不是對的），組員就要相信組長，想辦法把那個決定變成對的。組員會成為組長最強力的引擎，裝上那具引擎後，身為組長的你再去把你的決定變成對的。

這樣說完，我覺得自己好像變成鮑伯．羅斯[*7]。他總是在畫完一幅很困難的畫後，輕鬆丟下一句：「很簡單吧？」好像那幅畫對他來說跟吃飯一樣容易。我知道要「把決定變成對的」並不容易，所以更需要努力，我也一直在努力中。希望你也能努力到最後，把你的決定變成對的，也希望你能享受過程中的顫慄感，那也是難以忍受的甜美喔。

＊7：Bob Ross。畫家，也是八〇到九〇年代知名電視節目《歡樂畫室》的主持人。

不讓失敗趁虛而入，就有機會戰勝它

那是一個我實在無法走進辦公室的日子。大家聚在公司前的咖啡廳，點完各自要喝的飲料後，一起坐了下來，沒有人開口。我們團隊有這麼安靜過嗎？我好歹是組長，似乎得先說點什麼，話卻鯁在喉頭。昨天以前，我們都還覺得自己的創意無人能敵，無論對上什麼對手都能順利贏得第一回合，最後卻收到悽慘落敗的消息。

「聽說我們的提案分數最高，是那間公司的代表最後改變了心意。」企劃組特地告訴我們，希望這個情報能發揮安慰作用，卻無法改變什麼。我們在競爭提案中輸了，無論分數多高，輸就是輸。我們承受這個明顯的慘敗，還有直接的傷害。

輸的原因到底是什麼？我插手干預這個專案的次數比以往都多。籌備過程中還明確指出了一個方向，組員們打造出往那個方向前進的汽車，為它裝上輪胎、把車窗擦乾淨，並在油箱裡加滿油，做足了萬全準備。我們常常工作到深夜，也為了要處理各種問題大清早就出門。如此費盡心力，失敗不可能是組員的問題，絕對不可能。

我一一回想自己的每個判斷。不知不覺間，錯誤堆成了一座喜馬拉雅山，每一座山峰上都有白旗在飄揚。這些白旗異口同聲地說：這次是你的錯。如果不是組長的錯，那還會是誰的錯？在這麼無能的組長底下做事，組員實在是太可憐了！

如果這是唯一一次失敗，或許還能說是我反應太大。畢竟一間廣告公司出去提案的平均勝率都是三成。而如果這是第二次失敗，那就是我太急著替自己貼上沒用的標籤。兩次失敗就質疑自己的能力、評價自己的才能，在這個本就十分殘酷的廣告圈裡，也算是很嚴苛了。但正是因為失敗不是只有一、兩次，而是連續累積了好幾次，我的自信才逐漸發展成懷疑。

事到如今，我已經不是懷疑我們的創意不夠好，而是懷疑我的能力不夠好。組員沒有給我任何責備的眼神，是我自己拿了插了上百根針的棍子，毫不留情地刺傷自己的心。

我需要冷靜。太過度的反省也是一種自以為是。有些情況受政治力影響，有些則是因為公司緊急要求，在沒有完善準備的情況下上場救援。雖然很希望我們能完美扮演救援投手，但再厲害的救援投手都會失分。我們也不是只能在最完美的情況上場投球，因為完美不是條件，而更趨近於結果。對獲勝者來說，那一場比賽就是完美，對落敗者來說，再完美的比賽都能找到不合理之處。無論比賽是否完美，我們都竭盡全力了。每每看著彼此提出的想法，都會不自覺發自內心讚嘆，這麼棒的想法，肯定能讓廣告主勾勒出一個美好想像。秉持這樣的信念所寫的文案、做的設計，絕對都是一時之選。簡報前一天看著整理好的提案，我們都是真心在為自己鼓掌。

那現在我得做決定了，究竟為什麼會失敗？

面對失敗，組長可採取的態度有兩種：說話小聲一點或說話大聲一點。看是要說話小聲一點，承認每個過程中的失誤並好好反省。還是說話大聲一些，哀嘆沒能慧眼識英雄是對方的不幸，並夾雜幾個不夠文雅的詞彙。總之，沉默這個選項不在其中。要沉默，等之後再沉默也不遲。在組長沉默安撫自身情緒前，必須先照顧組員的情緒。組長必須在組員將失敗內化前採取緊急措施。一旦組員將失敗內化，接下來就會發展成難以收拾的複雜問題。即便勝利就在眼前，只要再努力一下就好，若組員內化的失敗突然發作，那這場仗就注定會以失敗告終。

「有勝利經驗的人，深知贏得勝利的方法」，我認為這句話是真的。為了驅散失敗的陰霾，我選擇說話大聲一些，踩死無數個造成失敗的原因，提振士氣。我們這個團隊可沒有任何一點留給挫敗的空間。不，是必須徹底消滅這些空間。

「怎麼會這樣一直輸啊？」有人無力地開口。

我說：「那間公司就只有這點福氣啦，居然錯過像我們這樣的好團隊。」

如果有人鑽牛角尖說：「我們究竟做錯了什麼？」

那我會揪著他的領子說：「我們哪有做錯什麼？別想那些

啦！我們是最厲害的，下次我們就會贏。」

當然，我的態度也不是一直都這麼堅定。畢竟在身為組長之餘，我也還是個人啊。

有時候當我悲觀地想：「是不是我做錯什麼了？」

組員便會爭先恐後地告訴我：「拜託，組長，你哪有做錯什麼？錯的都是那些看不清我們價值的人啦！」

看他們的反應跟我如出一轍，好像很怕大家不知道我們是同個團隊的人一樣。即便我們會為了彼此選擇大聲，卻也不是真的那麼充滿信心。更何況如今，我們手邊沒有其他事能轉移注意力。連續幾個提案落選，我們的行程從隔天開始變得很空。好像家中的存糧吃完了那樣，整個團隊手上都沒有工作，一下子閒了下來。連續瘋狂忙碌了好幾個月，團隊的引擎就這麼戛然而止。

看著空蕩蕩的行程表，我思考了很久。我不能用這份行程表當成績單來評估我們的表現，那如果把這份空蕩的行程表，用於為即將到來的機會做準備呢？為了讓我們的引擎能在下一次好好運轉，試著把這段時間拿來累積燃料如何？這似乎頗有可行性。若我們真有什麼不足之處，就用我們喜歡的方式去解決，那會是最好的解決之道。我突然想起不知何時聽過的一個故事，於是我告訴大家：

「我忘了是從哪聽說這件事的，也不曉得是不是真的。但聽說在皮克斯，員工每週都會聚會一次，分享各自覺得有趣的事，無論什麼都可以分享。我們要不要也來試試看？大家來分享覺得有趣的事，例如最近看的影片、推特上的故事、沉迷的音樂或迷因等等，什麼都可以。」

大家立刻說好。其實他們也沒有其他選擇，畢竟這是組長的提議。經過討論，我們選定了星期五上午。我本想像傳聞那樣學皮克斯定在星期一上午，但仔細想想，就算是分享趣事的時間，一想到星期一早上得帶點什麼來公司，還是會讓人一整個週末都無法安心休息。於是最後決定選在週末即將到來，大家心情比較輕鬆的星期五早上，藉著分享趣事讓大家笑一笑。

我們決定從那一週的星期五就開始，並這個聚會命名為「星期五見喔」。有時我們會把家中的立體童書整疊帶到公司，有時會一起觀賞某位演員的得獎感言。在Rain的〈GANG〉開始流行時，我們也透過這個聚會，接觸到在社群上瘋傳的迷因。愛讀書的我，經常會整理在書中看到的趣事。愛看YouTube的組員則會介紹最近火紅的YouTuber。介紹之餘還不忘補上一句：如果接到某某廣告主的案子，希望可以跟這位YouTuber合作。每個星期五早上，我們分享各種流行語、新的媒體藝術、特定藝術家的創作影音日記，不分領域，也沒有禁忌。

這個聚會唯一的缺點就是很難輕易結束，因為只要有人拿出一個有趣的東西，就會立刻有另一個人分享相關影片，接著話題會延續到其他地方去。每次我們都會很感嘆彼此所知的世界居然差異如此巨大，而當大家在自己所熟知的世界裡，展現出與工作時截然不同的樣貌，看起來既陌生又迷人。

各自分享自身熟知的世界，讓我們得以享受一段笑到無暇停下來喘氣的時光，星期五上午總是一眨眼就過去。當我們都厭倦坐在電腦前找樂趣時，也會到戶外走走。在這裡我要告訴你一個祕密，其實只要走出公司大門，隨腳一踢都能踢到有趣的事物。看著落葉在地上隨風滾動都能笑個不停的生物，不是只有女高中生。擺脫辦公室的上班族，可是連看汽車滾動的輪胎都能笑到不行呢。

於是，我們增加了每個月一次的「星期五逃跑吧」聚會，趁這段時間去平時想一起去的地方。過去每每因為週末人太多而放棄拜訪的地方，現在能用平日的時間享受，而且是在上班時間跟心意相通的人一起去，真是太美好了。我相信我們正在用自己的力量，帶領團隊往更好的地方前進。

當然，這樣的星期五沒有持續太久，「星期五逃跑吧」成為一次限定的活動。要有一個沒有任何工作、能放心逃跑的星期五上午，簡直難如登天。我們變得太忙了。為什麼變忙？因為在那之後，我們在競爭提案中大獲全勝，連續贏了好幾場！大家都很好奇，為什麼交給我們去提案就都能獲勝？

就像我們不知道自己為何而輸，我們也不知自己為何而贏。因為無論輸贏，我們都付出了最大的努力。我只能斗膽猜測是我們把握了每分每秒，讓自己變得更好。是我們無比團結，不讓失敗有機會鑽入我們的團隊。

雖然是後輩，卻帶給我領悟的老師

團隊裡的文案企劃，一早就一臉疲憊。

「組長，現在的年輕人體力真的太好，我實在沒辦法陪他們玩。都凌晨兩點多了他們還不回家，要繼續玩下去耶。」

「是多年輕的年輕人啊？」

「小我六歲左右……？」

「喂，我們兩個差了十二歲耶，那我怎麼辦？那你現在就好好尊敬我這個老組長吧。」

老組長這個詞不是誇飾，而是事實，至少在我們組是這樣。我們團隊的成員年紀差異最小是九歲，最大十五歲。大家都是MZ世代（其實我也算沾到一點邊，但我已經四十幾歲了，跟二十幾歲的組員不能說是同個世代。這點羞恥心我還是有的）。

MZ世代，是現在的大人避之唯恐不及的「時下年輕人」。在媒體上、書籍裡，他們都是熱門話題。全國人民都很好奇他們有什麼特點，全國人民都在探索他們的內心，全國人民也都在煩惱，該如何贏取他們的心。大家都用不同方式在分析、定義MZ世代，可身為跟MZ世代一起組織團隊、工作的人，我認為MZ世代的象徵——饒舌歌手李泳知對MZ世代的描述可說是最為精闢。在綜藝節目《電臺明星》中，李泳知說：「MZ世代這個詞，應該是大人想延續用英文字母對世代命名的傳統才出現的稱呼吧。MZ世代的人完全不覺得自己是MZ世代啊。」

我整天跟MZ世代一起工作、吃飯、聊天、喝咖啡，真的非常贊同他這段話。我們真能找到一個詞，輕易將這群人歸納在一起嗎？尋找這個詞彙有意義嗎？至少我到目前為止，還沒遇過一個真正完整具備MZ世代特徵的人。我遇過極有責任感的人、深思熟慮的人，他們都不像一般人對MZ世代的描述。他們有些人熱愛復古的事物，而非新穎的數位潮流，有些人則非常討厭使用創新的流行語。他們這麼多變，要如何用一個詞來統稱？可是對社會上更為年長的一代來說，他們成了一個群體，成了年長者禁不住感慨的對象。

「他們的界線都劃分得很清楚，不是自己的事就不會去做。現在的年輕人啊，真的很可怕～」

職場前輩或許沒有想到，在把事情交給後輩時，只是單純認為「這點程度的事情，你可以幫個忙」。可是被拒絕後，他們會去感嘆時下的年輕人實在自私得可怕。但我們都疏忽了一點。當這位後輩斷然拒絕前輩的請求，便也是讓前輩未來無法再指使自己去做這些非份內之事。從這點來看，後輩的作法才是對的。我們可以再繼續深入思考：

－前輩是第一次叫後輩做這種事嗎？

－現在的年輕人真的凡事都分得那麼清楚嗎？

這兩個問題的答案，全都是「否」。前輩有很高機率是已經多次提出不合理要求，而年輕人實在無法繼續忍受，才會斷然拒絕。前輩的事情，就請前輩自己處理，這是理所當然的。過往我們怎麼也說不出口，只能一直悶在心裡的話，現在的年輕人卻能說出口。因為他們知道不該讓自己難過。與其把這些事悶在心裡，讓自己越來越難受，不如趁早講清楚。人類就是這樣進化的。

「現在的年輕人都這樣啦。」

這樣一竿子打翻一船人很容易，可是這句話實在沒辦法為你賺得什麼好處。只會在你和現在的年輕人之間，豎起一道更堅實的高牆，而你也可能會被人認為是活在過去、不思進取。現在的年輕人都這樣，因他們而改變的世界實在讓你看不順眼？少推卸責任了，世界之所以改變只是因為時代在變，不是年輕人造成世界改變。

時代一直都在變，時代所要求的價值也會持續轉變。**現在大家重視合理勝過不合理、重視效率勝過固執，這已經是主流價值。**社會希望每個人都要像智慧型手機一樣，遵從一定的邏輯運算、也希望每個人都像地圖導航一樣做事有效率。明明是你無法適應，為何要怪年輕人？

「我們那時候不會這樣啊。」

說來說去，你就只是想說這句話而已，你只是想找人來一起批評時下的年輕人。但很抱歉，要是聽到有人講這句話，我反而想直接對說這句話的人開砲。你還真是美化了過去的自己啊。記憶中的你，想必是自己的事都處理得很完美，不管別人交辦給你什麼工作，你都不會抱怨地努力完成吧？你認為加班是理所當然，也一點都不怕為了工作熬夜吧？你當然是如此。但不需要因為你是這樣過來的，就要求現在的人也該跟你一樣。如果想跟現在的年輕人更親近，做事就要乾脆。要自己看著辦，在適當的時機機智且果決地把事情做好。現在大家都是這樣做事的。

如果把MZ世代當成外星人，認為必須研究他們、必須用什麼厲害的技術跟他們拉近關係，反而會離他們越來越遠。你說你完全不知道該怎麼跟他們拉近距離？就算不知道方法，也不需要跑去年輕人旁邊，跳什麼最近流行的舞蹈，試圖跟他們找共同話題。也不需要硬逼自己使用一些奇怪的流行語，試圖營造「我也跟你們同一國」的氛圍。

你要做的很簡單，就是乾脆把MZ世代這個標籤從腦中剔除。與其努力去理解MZ世代這個模糊的形象，不如更實際一點，努力去了解每一個獨立個體。那具體來說，想拉近跟年輕人的距離，究竟該做怎麼努力呢？我認為唯一要做的努力就是閉上嘴、用心聽。少花一點時間在那裡「話當年」，多聽聽他們想說什麼，別隨便就用MZ世代來貼標籤，好好關注眼前的這個個體，這才是唯一的正解。

覺得這答案太老套了嗎？可是我們都知道，老套的答案，往往都是最正確解答。

我看了看自己身處的環境，也看了看我身邊的MZ世代。這些總讓我能獲得更多學習的同事，我認為把他們說成是「不思進取的時下年輕人」，實在太愧對他們了。

J次長一直都很努力，在他的字典裡沒有「沒時間所以不能做」這句話。他工作時從不猶豫，會準時坐在辦公桌前，挺著腰桿一刻也不鬆懈，並且能迅速轉換模式投入在各種工作之中。是的，現在也還是有這樣的年輕人。

P次長就像上個世紀帶動產業發展的中堅力量，他喜歡工作，也喜歡跟人相處。面對每一個挑戰總是無所畏懼，也會想辦法在能力所及的範圍內把工作做好。給他越大的責任，他越會成長。是的，現在也還是有這樣的年輕人。

H代理會為自己發聲。他不輕易妥協，能毫不避諱地說出自己的想法。他總是能用自己的方式完成工作，這也是為什麼我只能把這本書的插圖交給他。我真的很想知道他畫出來的圖能為這本書增添什麼不同的色彩。

L專員讓我知道，只要給他一點信任，他就能展現超乎預期的成長。閒暇時他會跟職場前輩你來我往的開玩笑，但在面對工作時卻無比謹慎且真摯。看著他的成長，彷彿在看自己在辦公室養的黃豆芽迅速長大，實在讓我驕傲無比。

J專員在面對工作時也不會失去自我，總能保持自己的速度，而且興趣廣泛，這也讓他面對事情總能有全面且深入的思考，並且提出許多獨到見解。多虧了他，我在辦公室總是感到很愉快。

我把這些人拉在一起，試圖為他們尋找一個代稱。MZ這個詞首先淘汰。雖然我想說他們是「現在的年輕人」，但那只有在年輕人自嘲時才能使用，不容許比他們更年長的世代使用，因此淘汰。「後輩」最為精準，但好像太抬舉自己是「前輩」了，所以也不行。

無奈之下，我只能借助形容詞的力量。「雖然是後輩，卻時時刻刻帶給我領悟的一群老師」，我想應該可以這樣形容他們。尤其我不是個有貴人運的人，卻有這麼多好老師在我身邊，沒錯，真讓人自豪。

上班族沒時間享受生活樂趣，這只是藉口！

組員的私人興趣發展狀況，就是組長的成績單。在此之前，有必要先理解這個評分系統。不是組員的個人興趣發展得好，組長就得被扣分，恰好相反。就像好的工作成果、好的風評一樣，組員的興趣能使組長的成績單更亮眼。

你想想，你會希望自己帶領的團隊被人說「那一組最近忙到有家回不得」嗎？還是大家稱讚你的團隊是「最近工作表現很優秀，私人生活也顧得很好」呢？

我顯然是後者。其實也多虧了以前的組長就是這樣帶我，我也只能長成這樣。例如組員煩惱要不要開YouTube頻道，我會第一個鼓勵他。如果他進一步想說要不要真的創個頻道，我會催促他趕快創。無論是要上寫作課、烘焙課，還是去跑步、攀岩，我都無條件歡迎。不對，我歡不歡迎有什麼影響嗎？那是他們的私生活耶。他們又不是要在公司裡攀岩、不是要在會議室裡烤麵包。

但我非常清楚，豐富的私生活可以讓他們的人生多麼滋潤，所以當然積極贊同。就像人要活下去不能只進食，也要喝水一樣，我們的生命中也不能只有工作。把興趣當成墊腳石，偶爾能幫助我們撐過一些艱苦的時刻。藉著從興趣中獲得的力量，在工作上有更好的表現。記得剛進高中時，我打定主意要全心全意衝刺成績，最後卻意外進入面具舞社團。記得大四那年我本來不打算就業，還跑去報名社區美術補習班。經常走歪路的我，當然會舉雙手贊成他們走歪一下，去發展別的興趣。

說實話，我甚至認為如果大四那年沒有美術補習班，我可能根本無法撐過去。一個星期兩次，我可以順理成章遠離學校，往位於社區商店街深處的美術補習班走去。我知道任何人來看，都會認為我實在不該去上美術補習班，應該多為求職做準備。當時我每天丟履歷給不同公司，卻沒有任何地方給我回覆。那段時期，沒有一件事如我的意，我感覺自己一直在跌倒。我壓抑著想哭的心情，窩在擠滿人的補習班角落畫畫。畫著畫著，大家都回家了，教室安靜了下來。我在安靜的教室裡獨自畫了好幾個小時，當我離開教室回到家，發現自己獲得前所未有的勇氣。依照自己的想法，不受拘束的畫畫，讓自己享受不需要在乎失敗的時間，這讓我的心開始有了力量。我走過了那些時間、越過就業的茫茫大海。從結果來看，那些時間跟準備就業一點關係也沒有，卻是最能貼近我的心、給我力量的時光。

當我離開那段時間，正式成為上班族後，我開始仰賴攝影課。我每天揹著沉重的底片機去上班，一有機會就跑去相館洗相片（幸好公司前面的照相館早上七點就開門）。繼攝影之後能讓我寄託心靈的事，有時是法語補習班、有時是陶藝工房，有時是料理課程。當然，在這麼多事情中最能讓我得到救贖的還是寫作。開心時、難過時、天氣好時、天氣不好時，無論是寫一行還是好幾行，我都會試著寫點東西。將這些時間彙整起來，不知不覺間，我這些偏離正軌的個人興趣，額外替我贏得了「作家」的頭銜。

興趣，一路走來，這件事經常拯救了我。沒時間從事興趣的生活十分無聊，但要是有了這點額外的樂趣，黑白人生便會出現喘息的空間。就像帶領愛麗絲走入仙境的樹洞，那個洞裡的世界五彩繽紛，只要從中撈出一點鮮活色彩，就會使生活更加燦爛。我深知那股力量有多強大，因此我才會支持組員去發展工作以外的興趣。

喜歡編織的滑雪選手、擅長運動的女諧星、每到週末就去露營的廣告導演、總在深夜寫作的上班族、尋訪全國美食的調音師、利用閒暇時間畫漫畫的菜鳥上班族、每天早上會去照顧菜園的組長、饒舌的籃球選手、變魔術的足球選手、一有空就跑去造船的公司老闆、熱愛料理的醫師、寫小說的次長、會釀酒的學校老師、踢足球的國樂家……我試著列出在本業之外也懂得享受其他樂趣的人，居然一口氣能列出這麼多。想必不需要特別說明，你也能看出這些認真享受生活樂趣的人，在他們的專業領域會有多麼耀眼、多有成就。

上班族沒時間享受生活樂趣只是個藉口，讓我們拋開這個念頭吧。我敢打包票，沒有什麼人比上班族更適合在工作之餘發展其他興趣了。小時候我短暫擁有過的夢想，如今都在公司的保護傘之下得以一一嘗試。我可以下班後去學插花、週末去學木工，公司還會給我薪水。現在甚至還有些公司會鼓勵員工，在公司裡拍攝Vlog呢。

大家就在公司這個安全網之下，放心地去冒險吧！如果你任職於某間公司，那就要懂得利用公司。畢竟公司很清楚如何利用我們這些員工。如果有補助中小企業或補助社團的制度，就更該善加使用。當然，如果有人跟我一樣，連打聽這種制度都當成是工作的一環，絲毫不想浪費力氣去做這些事，那就用適合自己的方式，做點其他更簡單的事吧。我們必須時不時運動一下平時不會用到的肌肉，這些肌肉可以喚醒的全身，說不定還能讓人生往理想的方向前進呢。

無法跟像我這樣的組長一起工作，覺得很遺憾？那你可以選擇成為這樣的組長。與其羨慕，不如主動做點什麼，這是最簡單的人生道理。前輩折磨後輩是公司代代相傳的文化，但你可以選擇讓這種文化在你這裡終結。如果你曾告訴自己，絕對不要成為那種會欺負後輩的前輩，那就不能放任自己在不知不覺間變成那樣。我們可以不成為自己不想成為的人，也可以成為自己想成為的人。主動選擇、主動改變，就會有許多好後輩、好同事。這樣的你當上組長後，就能帶領一個好團隊，就是人生給你的紅利。

我們的人生已經有很多別無選擇的事得面對，所以更有責任替自己做決定，試著用更有意義的事填補人生剩餘的空白。當你手下有越來越多組員，他們臉上洋溢著工作之外的興趣所帶來的快樂，那就表示你是一個好組長。我相信，當懂得享受興趣的人越多，社會也會越健康。享受興趣之餘，你或許也會從中找到截然不同的發展。人生的事誰也說不準，總之，就先開始培養興趣吧。

1
看到我的畫作，
組長每隔一段時間就會說：

世眞～你要不要弄個繪圖帳號？
隨便畫什麼都好。
在 IG 之類的地方創一個啊！
畫公司生活如何？

2
其實組長說的話
我都當成了耳邊風，
因爲很麻煩！

好麻煩喔～～

3
直到有一次，組長的語氣
從「建議」變成了「命令」。

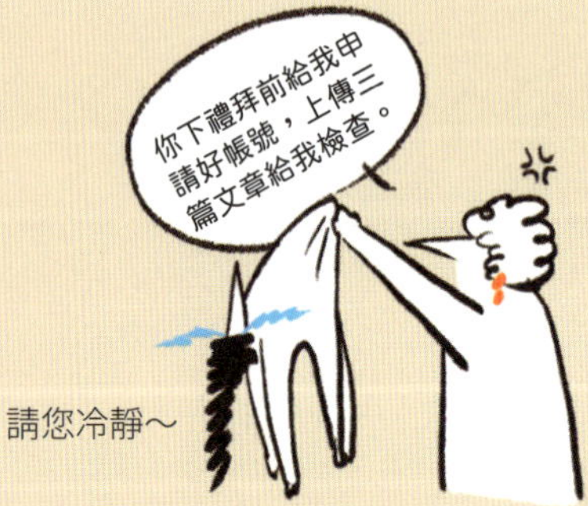
你下禮拜前給我申請好帳號，上傳三篇文章給我檢查。
請您冷靜～

4
我在想，身爲懶惰地獄
頭號居民的我要是從
這裡逃跑，下場會是……？
好麻煩喔……

自尊心

5
那個週末，我一把鼻涕一把眼淚的申請帳號、
上傳圖片……我到底在幹嘛啊？！

6
後來發現，其實沒什麼固定格式，
於是我就開始隨心所欲地
發我想發的東西。

7
貼文一下就增加好多，網友的反應
也逐漸成爲我每天的動力。
每一個讚都讓我好快樂！

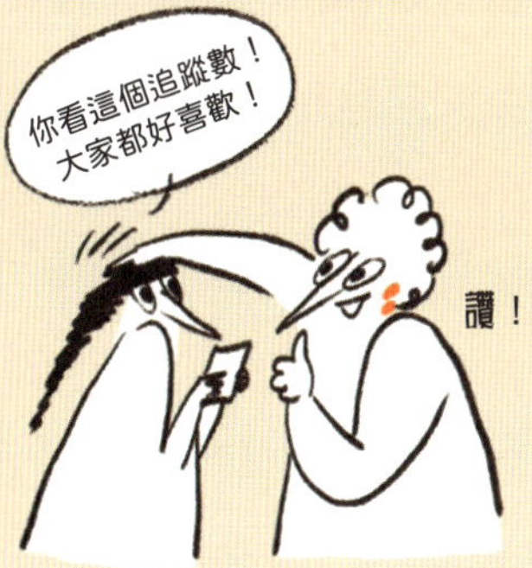

8
我就這麼開始培養起工作之外的興趣。
說不定你的一點小興趣
也會在哪裡開枝散葉。
總之先試試看吧！什麼都好！

每一天，讓「我們的團隊」更完美

我帶所有組員一起去咖啡廳，因為我有話要説。我覺得不該待在公司那麼冷酷的空間，而是要選個能讓人喘口氣的地方比較好。因為總覺得説完這些話，可能得立刻去喝酒，所以我選在接近下班的時間。大家不知道接下來要發生什麼事，開開心心聊著天。我看著他們看了好久，最後才開口：

「各位，我有話要説。」大家看向我，我又猶豫了好久才開口：「我們組的兩個文案企劃，要調去其他組了。」

我試著想説明現在的情況，但情緒比較直接、也比較資深的文案企劃先開始哭了起來。傳達這個消息的我也忍不住眼眶泛淚。稍後，幾位年長的組員暫時離開，團隊裡年紀最小卻一直很穩重的文案企劃這時忍不住哭了。

他哭著説：「組長，我真的很喜歡這個團隊，我不想走。」

我盡可能延後了調職日期，讓他們能跟我們一起完成最後一個專案。就在即將調職的前夕，哭到眼睛都腫起來的文案企劃拉著我，又開始説起這幾個禮拜他重複講了好幾次的事。

「組長，我真的很愛我們團隊，以後大概不會再遇到了。」

「我真的真的真的很開心你們是這個團隊的一員。」我說。

看到這裡你或許會想，這個團隊到底是合作了多久，居然這麼難分難捨。其實我們這個團隊的固定成員，到職最久的也才兩年而已。從第一版本的團隊到現在第五版本的團隊，無論哪個版本，都會有很多人說「我們這個團隊的默契很好」，但我們其實並沒有合作很久。

人們來來去去，卻都留下了他們的優點。Y部長留給我們永不抹滅的細心，當我們每次需要細心與專注時，總會聊起他；K次長讓我們認識到，這世界上會一直有新的、有趣的事物出現。多虧了他，我們才會經常把目光轉到辦公室之外；N次長能夠提高每一個創意的完整度，我們持續把從他身上學到的東西傳承給新進的人。而現在又有兩人要離開了，我們又得重新建立「新版本團隊」。這個過程短要六個月，長則至少一年。

到底什麼是「我們團隊」？說得更具體一點，是什麼讓我們能有高度的團隊默契？是組員比別人更出色？這不好說。應該沒有人會天真的認為，把最出色的人才聚集在同一個團隊，就一定能展現最好的默契。那難道是個性相似？如果彼此個性相似，工作起來確實很輕鬆，卻無法讓不同的個性碰撞，激盪出更創新的結果。出色的成就？當然，甜美的成就能夠獎勵大家的辛勞，但這似乎是好的團隊合作才能造就的結果。

我想了很久，無論是哪一個答案，似乎都無法完全讓我信服。團隊不會原地停留，而是隨成員變動、工作不同改變。也因此，對某些人來說最好的團隊，對其他人來說或許就待不下去。我們看過很多正面的例子，例如在某個團隊裡看似無能的人，到了其他團隊卻成為關鍵人才。當然也有完全相反的案例。所以究竟該怎麼做，才能真正有效打造一個好的團隊？

有一個叫作《超級樂團》的綜藝節目，我個人從第一、二季都有持續追到最後。在眾多競賽型生存節目當中，這是我最喜歡的節目。原因在於節目參賽者總是能在與他人組成「我們的團隊」時，發揮自己最強大的實力。參賽者各有不同的才華，有些人會唱歌、有些人會打鼓，有些人一輩子只接觸古典樂，有些人則主修國樂。許多參賽者都擅長吉他，但有人是電吉他、有人是古典吉他，有些人則是西班牙吉他。

大家都是初次見面，卻要當場組隊，在評審面前帶來表演。而奇蹟就從這裡發生。例如團隊只不過加入了一名鋼琴手，呈現出來的音樂卻與以往截然不同。四名吉他手組成樂團，卻沒有樂團不可少的主唱與鼓手，但仍呈現出嶄新的風格。這樣的創新在每一集上演，因為每一集都有新的組合，都會再催生出另一個「我們的團隊」。

記得看完決賽後，評審李尚順禁不住感嘆：「大家組成一個團隊後，感覺就不一樣了。」

參加該節目的音樂人張河恩也說：「現在一站上舞臺，我就感覺不到我自己，只感覺到『我們』。」從他這句話，足以窺見團隊的力量有多強大。

一個好的團隊不會只停留在1+1=2的公式，而是會想辦法創造出1+1=7或1+1+1+1+1=3764。為了創造這個奇蹟，每一個人都必須堅若磐石，在他們堆疊而成的磐石之上，還需要能使團隊穩固的土壤。土壤的組成就是對彼此不吝惜的讚嘆、責任感、不停歇的閒聊，還要洞悉彼此的弱點，嘗試互補、成就、鼓勵、美食與美酒，而其中最重要的成分則是笑容。有了這樣的土壤，才能使「我們的團隊」這個奇特的公式順利完成。越是肥沃的土壤，越能使團隊堅強，所發揮的力量也越強大。一個好的團隊能使我們做起事來更加順手、創意也更為出色，甚至還能讓辦公室生活充滿樂趣。最重要的是，我們所有人在公司裡都有了最可靠的援軍，因為我們有了「我們的團隊」。

好的團隊不是從哪裡「誕生」的，而是許多人花費長時間「塑造」的。大家需要一起吹風淋雨、一起哭泣流淚，但大多數時間都是一同歡笑，至少是努力讓所有人一同歡笑。成員協調彼此的意見，心中惦記著彼此，持續塑造出「我們的團隊」，只因為這還不是我們心中最完美的模樣，只因為我們要繼續讓這個團隊更完美。

現在，我們的團隊有兩人要離開了，會再有兩個新人加入。新人加入後，團隊又會有不同的樣貌。我已經迫不及待要讓那兩人加入「我們」。也希望如此一來，全新的團隊同樣會是我最喜歡的「我們的團隊」。

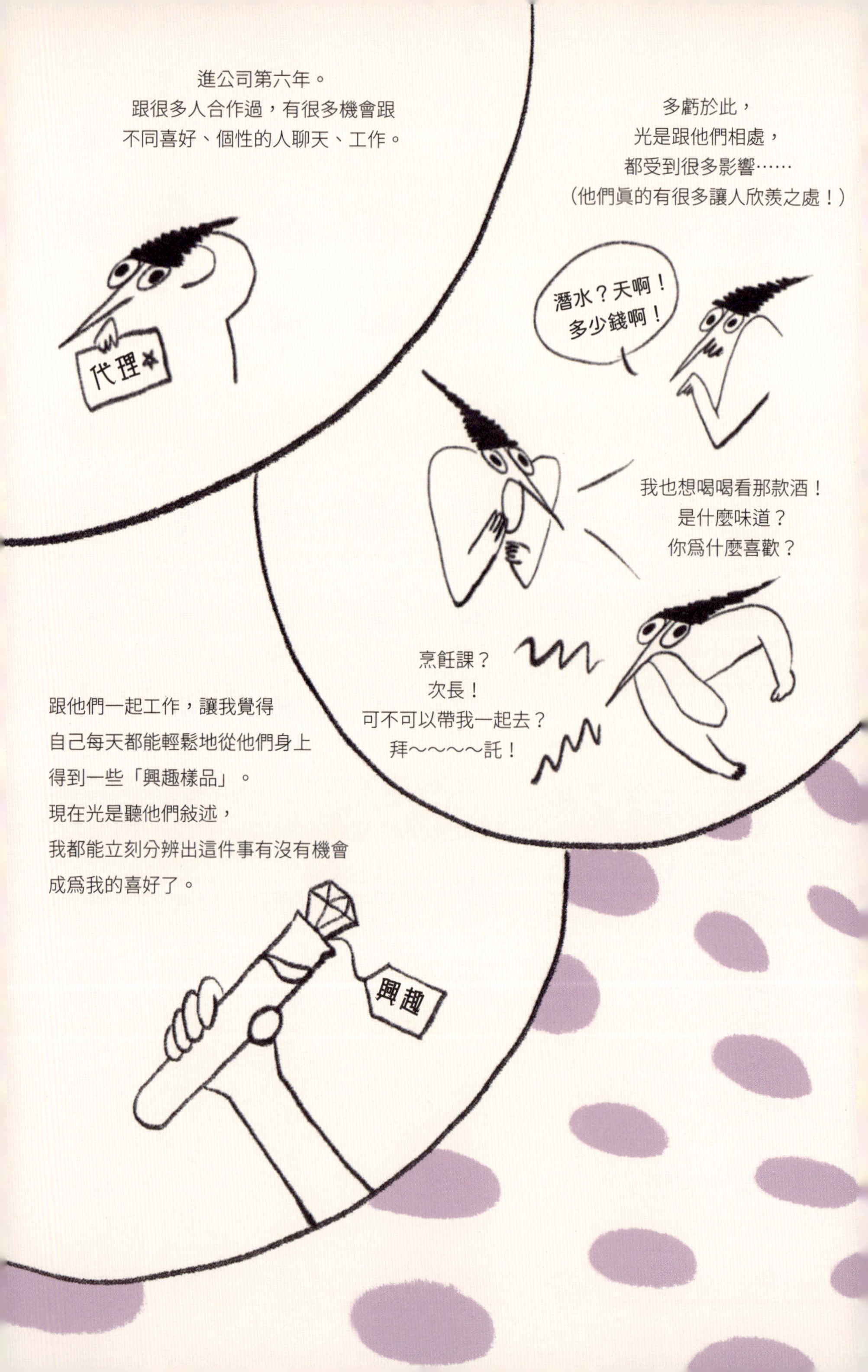
進公司第六年。
跟很多人合作過，有很多機會跟
不同喜好、個性的人聊天、工作。
代理
多虧於此，
光是跟他們相處，
都受到很多影響……
（他們眞的有很多讓人欣羨之處！）
潛水？天啊！
多少錢啊！
我也想喝喝看那款酒！
是什麼味道？
你爲什麼喜歡？
烹飪課？
次長！
可不可以帶我一起去？
拜～～～～託！
跟他們一起工作，讓我覺得
自己每天都能輕鬆地從他們身上
得到一些「興趣樣品」。
現在光是聽他們敘述，
我都能立刻分辨出這件事有沒有機會
成爲我的喜好了。
興趣

光是身邊有能帶給我正向刺激的組員，就讓我覺得自己走在時代尖端耶！我會努力成為流行達人的～

PART 4

為了理想人生，
下班後也要繼續加油喔！

從現在開始，為未來的自己做準備

我們都是準辭職者。無論早晚、無論職位高低、無論有沒有準備，那都不重要，我們遲早有一天會辭職。世上沒有比這更公平的命題了。而為老後生活做準備，是所有人都必須面對的課題。應該有很多人吸取了前人的教訓，更快、更認真地開始規劃老年生活。越來越多人關注理財，為離職後的人生準備退休金，這已經是上班族的基本要求。而為自己開拓被動收入的管道，不知不覺也成了人人具備的常識。

「讓錢可以在你睡覺時也為你工作！」這句話聽起來像什麼人生格言，但我在這方面並沒有研究，因此不打算發表什麼意見。只不過，每次聽見這句話我都會想：「既然要讓錢幫我工作，那我又該做什麼呢？」

如果說為離職後的生活打好經濟基礎是人生的一大主軸，那我想人生的另一個主軸，應該就是必須擁有一份能終生從事的工作。你可能會好奇，都已經工作一輩子了，還要繼續工作喔？也太無力了吧！但這就是現實。

但我所說的工作，跟一直以來從事的職業不太一樣。這份「工作」或許能賺錢，也或許不能。那或許是你從未想像的事，也或許是你夢想了一輩子的事。我說的這些其實並不特別，你說不定已經從前人那邊聽過很多了。我認為「即使年紀大了，還是要有一份工作」這句話，可以說是人生真理。大概也是因為這句話，所以那些看起來應該已經不愁吃穿的人、可以待在現在的職場到退休的人，無論是年輕人或年長者，都經常在「找工作」。

為了用更積極的方式解決這個煩惱，現在很多人都建議要打造斜槓人生，擁有第二份工作，甚至身兼數職。據統計，每五位MZ世代的年輕人中，就有一人身兼多職。但仔細想想，既然現在已經不流行一輩子為一份工作鞠躬盡瘁，那身兼多職似乎也是理所當然的結果。

人們不再尋找「終生職場」，而是開始尋找「終生職志」。我認為這種人的極致型態就是FIRE族[*8]，他們會把自己剩餘的人生，都拿來做想做的事。

當然，如果你找到一個方法，讓自己未來能夠繼續現在的這份工作，那也算是一種成功，或許每個人都渴望這樣的成功。這方面的成功案例可是多到不得了，只要看一下公司的高階主管，你就會發現那裡確實有很多持續在同一間公司努力的成功

＊8：Financial Independence Retire Early 的縮寫，為經濟獨立、早早退休之意。

案例。只不過，即便你能持續在同一間公司努力，我依然認為我們需要在工作之餘找到想做的其他事。因為像下面這樣的案例，也是我們再熟悉不過的情況。

有這樣的一個人，直接由他領導的有數十人，間接領導的則有上百人。這都多虧了他的認真勤懇，其中也有一點運氣成分，讓他得以在這份工作上爬到他能抵達的最高處。直到不久前，他都還在職場上握有一定的權力。每次當他在了解公司業務的過程中，發現任何一點小問題時，他都會請第一線職員提供分析結果與解決方案。而在業務執行上的成效，他只需要跟值得信賴的合作廠商溝通好，事情就會以極快的速度執行。

週末他會去打高爾夫，他會招待商務夥伴，也接受商務夥伴的招待。他會以成功前輩的身分，給予尋求建議的後輩一些好意見，人們都很敬重他。直到不久前，他都覺得自己是個有用的人。但這一切已經成為過去，這些都不是他現在的生活。

退休後他的生活變得很空虛，他發現自己的能力只能在公司內發揮作用，離開公司後便不再具有任何意義。其實管理階層就是如此，沒有需要管理的人、需要管理的事，那些能力便不再有用。現在他必須管理自己，但他既沒有特殊興趣，更不曉得除了工作還能做些什麼，他一點都不了解自己。

這個故事讓你想起了誰呢？這樣的人實在太常見了，我們身邊隨時都有這樣的故事上演。一個人若是必須高度仰賴職位發揮自己的能力，那他在退休後的失落感，或許會比別人更強烈。或許應該說，他感到空虛的速度會比別人更快。這也是為什麼在替未來做準備時，我們不僅要顧及金錢，更該找出自己的天職。我們不僅要規劃退休年金，也要提前替自己準備好未來該做的事。

但是，究竟該怎麼做？

世上很多事都沒有固定答案，這件事也沒有正確答案，只有屬於每一個人的獨特成功經驗。想獲得這樣的成功，確實需要一定的努力，但其實偶然也扮演了相當重要的角色。所以說，別人的成功經驗常常都只是別人的，不會是自己的。聽別人描述成功經驗時，或許會覺得似乎很值得參考，但回到自己的位置上一想，你會忍不住嘆口氣。到底該從哪裡開始才好？實在好茫然。

不過，我們至少可以確定一件事：如果什麼都不做，只是等著成功的機運找上自己，那終將空手而歸。所有的積極、嘗試、失敗，都能幫助我們離理想的未來更進一步。做了這麼多努力，依然感到茫然嗎？這是當然的。其實我在寫這篇文章時也不知道自己該往哪走。可是身為一位作家，我可不能這麼不負責任地讓文章結束在這。因此，我決定提出兩個階段的建議。

第一階段：練習讓自己走入更寬廣的世界。

第二階段：當你的心出去做過嘗試並回到自己身邊後，練習好好觀察它。

你應該也有一些想嘗試的事物，例如插花、做菜、攝影、經營社群、煮咖啡、泡茶、手工藝、寫作、運動、加入某些社團等等，什麼都可以，沒有限制。就算真的沒有什麼想做的事也是有可能的。那就試著找找看有什麼事，會讓你有一點動力想做吧。

這四十幾年的人生讓我得到幾個小小的領悟，其中之一就是凡事只靠想像，不付諸實行，最後絕對無法成就任何事。你可以在自己的想像裡開一間有著寬大庭院的咖啡廳，賺著剛剛好的錢、過悠閒的生活，但那終究不是現實。你可以在夢裡成為擁有上萬訂閱的影片創作者，但醒來後，現實中的你卻連頻道都還沒開設。

如果真的想去做，就應該主動跨出第一步。如果你的夢想是中樂透頭獎，那就先去買樂透。

如果你是一個上班族，就可以盡可能利用上班族這個身分的優點。我的意思是說，即使失敗，也要在你還能定期領到薪水時失敗。現在甚至還有「在職訓練」補助，讓上班族為自己的未來做準備呢。無論什麼方式，你只需要朝適合自己的方向跨出一步。有些事你或許夢想已久，但實際去做才意識到那一點都不適合你。有些事你以為只是微不足道的小興趣，實際做了才發現，那是你想一直投入的事。無論是哪一種，都需要先讓自己走進世界、獲得更豐富的體驗。

接下來，一定要練習第二階段，好好觀察自己的心。問問自己在做什麼時最享受？那個體驗之中，哪個部分適合你。你要持續問自己「為什麼」、往內心去探索。一個體驗不見得就能得出一個結果，所以你應該問問那個體驗的哪個層面最適合自己。例如你可以在工作時觀察自己，就算再小，也一定能找到自己的優點。與此同時，你也可以觀察自己的感受，看看什麼部分讓你覺得適合自己。

有一天，某個朋友跟我說：「我真羨慕妳，至少找到自己想做一輩子的事了。我要是辭職，就不知道要幹嘛了。」

「你想做什麼？」

「我覺得我應該很適合當餐廳經理。」

「也太突然了吧！」

「這是我在工作時發現的，我真的很擅長推銷東西。只要跟對方講個幾句，就能察覺到對方想要什麼。我常常想說那就試著推銷看看，沒想到對方大多都會接受我的推薦。」

我相信一個人只要能客觀看待自己，再以這樣客觀的觀察去想像，就已經是開始在為自己的未來做準備。

我記得文學評論家申馨喆曾在podcast中說過：「如果我們提出了一個不好的問題，那無論得到的答案再怎麼好，也沒辦法帶我們走得太遠。但如果提出一個好問題，即使最後無法找到解答，尋找答案的過程想必也能帶我們走上很遠的一段路。」

記得那天早上，我一邊化妝一邊聽podcast，聽到這一段時我趕緊跳起來，把這段話抄在本子上。沒錯，我們每個人都需要給自己一個好提問。我想擁有怎樣的未來？我有什麼資質，能幫助自己走向那個未來？我有沒有什麼特點，是我想從現在開始好好培養的？我們或許無法輕易找到這些問題的解答，因為人是複雜的生物。可是就像評論家申馨喆說的，在尋找解答的過程中，我們會對自己有更深刻的認識。當我們認識自己，或許就能更輕易地回答出「我想做什麼」。

把陶藝當興趣學了十年，我也一直在問自己，如果做陶藝的時間這麼愉快，以後是不是能把這當成工作？要不要去國外留學？我只顧著思考這些不實際的問題，浪費了許多時間。直到我發現人們對我的陶器產生興趣時，我才開始認真思考：為什麼我喜歡陶藝？為什麼想把這當成工作？同時也在想，將陶藝當成工作這件事是否適合我？每次做陶藝，我總是可以不知不覺花好幾個小時，這讓我更常思考這個問題。我會觀察工房的其他人，而且能明確看出我跟他們的差異。

理性來說，我只是喜歡這種跟工作無關，不需要帶任何想法接觸陶土的時光。不用負任何義務或責任，工房裡的時間距離我的生活十分遙遠，也是我最憧憬的時光。但客觀來看，如果要把陶藝當成職業，我似乎還缺少某些關鍵的才能。我缺乏想精益求精、希望成品更臻完美的意念。這個缺點太過致命，致使我乾脆放棄這個念頭。我知道，做陶藝時的我跟寫作時的我截然不同。而正是因為我一直在問自己、觀察自己，才能得到這個結論。於是我未來可能的職業選項少了一個。

不過即使成為陶藝家的夢想消失了，問題依然沒有消失。我仍不斷在問自己，未來該做些什麼？如果想繼續寫作，我需要思考自己想寫些什麼，也要試著衡量自己現在的能力到哪裡。為什麼需要一直尋找問題的答案？因為只有我能替未來的自己做準備。

即使現實生活中的我忙得要死，幾乎沒有多餘的心力，這些思考仍然不能拖延。讓我們從最簡單的事情開始，替未來的自己展開一場冒險吧。我敢保證，最享受這場冒險的人，絕對會是現在的你。

每一棵蒼鬱的大樹，都曾是不放棄等待的種子。

——霍普．賈倫，《實驗室女孩》

機會來的時候，你要做好準備

第一次拿到印有我名字的書時，當下的心情我到現在都還記得，也記得把那本書送給我大學在網路文學同好會認識的摯友說的話。

「你還記得嗎？以前我們一起去書店，說要在這裡放上一本印有我們名字的書。」

「有嗎？我怎麼完全不記得了！」

「有啦。居然是金旼澈先實現這個願望了，恭喜啊！」

雖然我自己不太記得，但我相信朋友的記憶。而且如果說以前的我曾有過這樣的想像，那一點都不奇怪，因為創作是我一直以來的夢想。不過呢，讓我記起自己從小就有這個夢想的人，其實是我的高中同學。他在我成為作家後，偶然間找到我的Instagram，並發私訊給我。他說高中時老師曾經要我們分享自己的夢想，當時我說想成為文字創作者。這件事我真的是一點都不記得。我以為自己從來都不是文學少女，沒想到我竟會說自己想成為文字創作者。

雖說我高中時期就有成為文字創作者的想法，但也不是想藉此神聖化自己的夢想。我認為自己之所以會有這個夢想，或許是因為上大學後我開始閱讀，跟書本和文字的世界結合得非常緊密。我的大學時期是CYWORLD[*9]盛行的年代，當時我跟大家一樣，習慣用文字抒發自己的每一天。後來個人網站的時代來臨，有蒐集慾和整理慾的我，發現能夠建立一個專屬於我的空間，就把我寫的文章、喜歡的句子、拍的照片全部整理在一起，連續好幾個月一下班就捧著網頁製作教學書坐在電腦前，試著用最簡單的方法做出我的網站（雖說是最簡單，但以我的能力來看仍像置身地獄。開部落格明明簡單許多，當時的我卻把開部落格視為庸俗的事，簡直自己找麻煩）。

那是一個必須先註冊成為會員才能看到文章的系統，剛開始我拚命把網址分享給大家，後來卻不再分享了。因為我每天都會寫好幾篇文章，在那些文章裡，我總是赤裸裸地描述自己的心境，也因此讓我覺得把網址分享出去就像是裸體站在人面前。那個必須得到明確網址才有辦法觀看的個人網站，沒落的速度比我預期得快上許多。記得剛開站時，我的文章點閱數字都還超過一百次，後來只停留在十次左右，表示根本沒人來，而我也更能放開來寫自己的事了。於是，我一個人在那裡寫了十年，完全不曉得究竟是誰在看我的文章。

＊9：韓國於 2010 年前後最受歡迎的社群網站。

某天，一間我沒聽過的出版社跟我聯絡，說想約我碰面。約我？為什麼？

「我不想跟他們碰面。」

聽我這麼一說，老公試著安撫我，要我放下戒心。

「你又不知道對方要找你談什麼啊，去跟他們聊聊看嘛。」

那時的我已經在四年前出版第一本書，講述廣告公司如何開會。不過要說那本是我的書還是有些尷尬。因為在寫那本書的過程中，我一直避免過度突顯自己，想盡辦法讓自己在書中隱形。在書裡，我幾乎不使用「我」當主詞。因為與其說那是我的書，更該說是記錄我們的團隊如何開會的書，我認為自己應該要是一個忠實的記錄者。或許是因為這樣，那本書雖然還算賣得不錯，卻沒人發現身為撰寫者的我有成為作家的資質，甚至連我自己都沒注意到。即使我每天都有文字產出，但充其量只能說是日記，所以我不認為那些文字能夠出版成冊。也因此在那本書出版四年後，當我接到出版社邀請我出一本散文的提議時，我只能拒絕。

記得編輯來公司找我第一次開會時，我說：「我覺得不行，我實在沒東西可以寫。」

我這才發現，我把書這種東西看得非常神聖。我這麼熱愛閱讀，像我這樣的人實在無法寫書。因為我深信一定要等到自己的文字水準進步到與我喜歡的作家並駕齊驅，才有資格把我的創作拿給別人看。我心裡的那位寫作教練不斷高聲督促、鞭策我進步。但問題是，當時我喜歡的作家是韓江、金惠順、卡謬、米蘭・昆德拉，要跟他們並駕齊驅，實在是痴人說夢。於是我再次拒絕編輯：「你想要的那種書，我寫不出來。」

後來編輯寫了一封非常誠摯的信給我，他說他一直在看我的網站，我不需要寫什麼了不起的內容，只要以一個文案企劃的角度「記錄」日常生活就好。信的最後，編輯表示他已經想好書名，就叫作「每一天的紀錄」。當時我是再次回信拒絕他，還是跟他說我會考慮看看，我已經記不太清楚了。但我記得，一個長期觀看我網站的人給出這樣一個提議，讓我的心有一點，不，是有了劇烈的動搖。

網站上累積了我十年來的創作，雖然大多都是一時的情緒抒發，但偶爾也有嘔心瀝血的創作。有時我只是拿一句在書裡看到的話，寫下自己長長的感想，卻會有人留言感謝我。有些則是我抱著「想把這段旅行寫成書出版」的心情，花費許多心力編排起承轉合的長篇文章。

每一次出去旅行，我都會帶上手動式的底片相機，拍照、沖洗、掃描，再一一整理上傳到網站。我在數十個我愛的城市裡，拍了上百張我喜歡的牆壁，也把這些照片持續更新到網站上。每一次更新，我內心都隱約期待，或許有一天這些東西真能創造什麼了不起的結果。但我也努力告訴自己，無論別人喜不喜歡，我之所以會繼續拍，是因為這是我喜歡的東西。我只能這樣說服自己，因為我一直沒有收到任何回應。

我不是一個很有自信的人，所以即便偶爾會強烈希望自己上傳的東西能有人看，這樣的心情也總是很快就消退。因此我從來沒有正式宣傳過這個網站，只是自己一個人寫字、拍照，持續更新。無論點閱數多少我都沒有停止，就這麼持續了十年。現在我才知道，原來有人在看，而且那個人找上了我，提議要幫我出書。即使我自己不可信，但至少這個人的感覺是可信的吧？至少我的十年是可信的吧？我是不是能嘗試一次呢？

上班路上的地鐵裡，我認真思考著「每一天的紀錄」這個書名，以及在這個書名之下我究竟可以說些什麼。接著，我腦中突然浮現了「記憶」這個詞。把我差到不行的記憶力跟紀錄結合，似乎就能寫出一本書來。我終於看到了一絲可能。恰好我手邊就有紙筆，於是我在地鐵裡抓住了那一絲可能性，開始寫下紀錄。也就是在那一刻，可能性成了確信。

到了公司後，我回信告訴編輯，說我決定出書。十年來我所寫下的許多紀錄，最後都收進了那本書裡，而在地鐵上寫下的那段文字，則成了那本書的序文。當然，如果事情真的這麼順利自然是很好。只是在書送去印刷之前，我開始以一種全新的方式折磨編輯。書送印之前，我不停傳簡訊給編輯說：

「到底誰會看這種書啊？這只是我自己的故事嘛。」

「大家會喜歡的，你可以放心。」

幾天後，我又忍不住傳了另一封簡訊。

「還沒開始印吧？要不要趁現在放棄啊？」

「幫忙校對的外發編輯說他看你的稿子看到哭，這表示他真的很喜歡你的文字啊，這會是一本好書的。」

正式讓我成為「作家」的第一本散文《每一天的紀錄》，於焉誕生。

國中時，親戚長輩跟我說：「雖然你不知道機會什麼時候會來，可是機會來的時候，你必須做好準備。面對一個好機會卻沒準備好，那你再怎麼想也抓不住它。人生就是這樣。」

這建議實在有夠老套，很多人都說過這類的話。不過當年十多歲的我並不明白這個道理。也多虧了我的無知，這番建議讓我感到很新鮮。後來我將這段話深藏在心裡，不時提醒自己做好準備。我想是因為這番建議剛好很適合我的個性吧。我是一個努力不懈、勇往直前的模範生，也是這番話大大刺激了我，讓我一直堅持下去。那本書出版後，我突然想起當年親戚的這番建言。正是因為我一直寫作、一直做我最喜歡的事，從來沒有停下來，才讓我在遇見偶然的機運時得以掌握住它，讓我幸運地成了作家。

保持工作的均衡，讓工作反過來支持你

偶然之下，我成了有兩份職業的人。在廣告公司喊我「創意總監」我會回應，在外面喊我「某某作家」我也會回應。我費了很多心力，希望能在這兩種身分間取得平衡。無論工作再忙，都會像在安排作業一樣訂下截稿日，避免自己失去寫作的感覺。但也會適時調整作家的行程，避免妨礙到公司的工作。我可不想聽到出版社的人說「除了寫作，還在廣告公司上班，根本無法遵守截稿時間」，因此我總是堅守截稿日。我也不想聽公司的人說我「最近都在忙著寫書，幾乎沒在管公司的事」。更重要的是，我不想當一個這樣的組長，所以面對工作，我總是拚盡全力。兩份都是我喜歡的工作，我不希望專注在某一邊卻疏忽了另一邊。

均衡。剛獲得作家這個頭銜時，我專注於保持均衡。我記得有個人出書之後，我偶然遇見他公司的同事，卻聽見他的同事在說他的壞話，這也讓我更加小心了。

「那個人最近不是出了一本很暢銷的書嗎？可是他在公司的風評不怎麼好耶。他要是拿寫書的一半精力來做公司的事，應該也不會被大家講成這樣啦。」

我不知道這段評價是否客觀，也不知道這段發言究竟摻雜了多少嫉妒的成分。只是我覺得如果一個人下定決心要兼顧兩份工作，那就必須把這份評價放在心上，無時無刻都要注意均衡。這不是在說兩邊的重量必須均等。而是在這兩份工作當中，哪一份工作有同事，就一定要以那份工作為優先。必須把重心放在有同事的那一邊，這就是我的標準。

我不能讓同事因為我而受影響。如果我的自我實現使某些人必須加班、使同事為了填補我的空缺而孤軍奮戰，那我會毫不猶豫地放棄另一邊。如果你想活得自私點，那最好選擇一個人工作。既然選擇了跟別人一起工作，那我認為努力不破壞「一起」這個特點，是對共事之人最起碼的禮節。因此我更加專注於維持均衡。時間一久你就會知道，當必須努力維持均衡的時間過去，你可以不需要太努力也能保持均衡，而這時你也會開始獲得「支持」的力量。

記得那是一個平日的晚上，我又在公司忙到不可開交。我應該至少要讓自己留下最後一口氣才對，卻又過度使用自己的能量。大事不妙，下班後我還有一場閱讀講座。我真想抓住自己的領口，叫自己清醒一點。你這傢伙，怎麼會答應辦閱讀講座呢！雖然是在一個月前答應的，而且答應時也不曉得今天會忙成這樣，但不管找什麼藉口也無法改變任何事。現在剛好是最塞車的下班時間，我也不可能搭計程車過去。於是我還是搭著地鐵，經過數次轉乘抵達講座地點。

小小的書店裡密密麻麻坐了超過三十個人，我能感覺到當我一進入書店，立刻就有數十隻眼睛跟著我移動。我怕生的個性害我實在無法往讀者的方向看任何一眼，但還是能感受到大家歡迎我的氣息。那跟我今天一整天在會議室裡經歷的針鋒相對截然不同，絲毫感受不到那種「來，就看看你多厲害」的敵對心態。人類的動物本能其實很敏銳，總是能立刻辨識出誰喜歡自己。所以我知道，在這裡我可以放心。

講座開始，我一一回答問題，甚至還幫大家簽了名，不知不覺兩小時過去。我明明是撐著最後一口氣好不容易爬到這裡來的，真不知道自己怎麼有辦法連講兩個小時。不過，還有一件事比這更奇怪，那就是我一點都不覺得累。不僅不覺得累，還覺得被充滿了電。在來的路上我滿腦子只想著回家要立刻洗洗睡，現在卻這麼亢奮，就算直接從這裡走路回家可能還是會精神百倍。但我是明天得早起的上班族，走路回家這種大膽挑戰不是我的選擇，所以我乖乖搭上回家的計程車。話說回來，過去那兩個小時究竟發生了什麼事？

記得我站在講座用的電腦前，只看了聽眾一眼，聽眾就立刻用笑容回應。我沒說什麼大道理，聽眾卻點頭如搗蒜。大家的反應這麼好，我自然也越講越起勁。不知不覺間，我發現自己開始天花亂墜，一下開玩笑，一下說到自己想說的話又會放慢速度，看著大家的眼睛。我的語調傳達了我的真心，驅使人們寫下筆記。

進到問答時間，聽眾的問題接連不斷，那些問題一點也不尖銳，我在能力所及的範圍內盡量好好地回答。球在我們之間來回傳接，我的能量越來越高漲。不知不覺來到道別的時間，我闔上電腦，大家已經在我眼前排成一列。聽眾紛紛將書遞到我面前，請我替他們簽名。仔細一看，竟然還有人帶著我的每一本書來到現場。這位聽眾說不好意思，要請我簽這麼多書。為什麼要不好意思？我是什麼了不起的人嗎？真的可以大方接受這樣的心意嗎？要不好意思的人反倒是我吧！還有很多人塞禮物跟信給我，並謙虛地說他們送的只是點小東西。

我今天白天在職場上經歷了好多挫折，下班後卻在如此歡迎我的環境裡待了兩個小時。在這樣的環境裡，能迅速充飽能量也是必然的結果。

支持。人們經常問我，上班已經夠累了，要怎麼同時兼顧兩份工作，我想了很久，最後想到這個詞。一份工作會支持另外一份工作，兩份工作會互相給予最狂熱的支持。從作家這份工作中獲得的能量，讓我在職場上更加努力；從職場上得到的訣竅，則幫助我的作家生涯更順遂。過去我一度因為這兩份工作的性質差異太大，必須費盡心思維持兩者間的均衡，現在回頭看起來，那段時間似乎並不是沒有意義。不知不覺，這兩份工作已經達到均衡，成了驅動我這輛馬車的兩個輪子。

如果問我最想對現在有一份穩定工作，又想嘗試其他事情的人提供什麼建議，我會想到這兩個詞：均衡與支持。面對原本的工作依然要全力以赴，然後找機會試著開始另一份工作。你一定要努力維持兩份工作間的均衡，必須試著在不超出個人能力的範圍內做到這點。不能勉強自己，因為你一旦倒下，兩份工作也會同時崩潰。

工作間的均衡、工作與自己的均衡，只要堅守這些原則，你終將看到奇蹟。當這些工作反過來支持你時，那份感受有多麼甜美，我就不多加贅述了。我希望你能親自品嘗那樣的甜美，因為那只屬於你。

描繪未來、實現夢想的具體指引

我很擅長勾勒遠大的夢想。十歲的我夢想著四十歲的自己，三十歲的我夢想著六十歲的自己。別誤會了，我可不是不顧現實、漫無目的的想像遙遠的未來。射箭時該專注的地方不是箭尖，而是靶心，我就是秉持這個道理在想像的。當然，我其實不知道這麼做是不是就能抵達我想像的未來。但就好像你每天練習射箭，遲早有一天會發現自己終於正中靶心一樣。我迫切地希望只要我能持續把現在的夢想寄往未來，總有一天能抵達理想的目標。

我常常鼓勵別人試著想像自己六十歲的樣子。把目光放遠一點，再放得比你想得更遠一點，試著想像你在六十歲時最渴望完成的畫面。這個想像必須十分具體。要有地點、氣氛、身旁的人、眼前的風景，甚至是那時自己正在做些什麼。之所以要這麼仔細，是為了讓夢想不是飄在高空遙不可及的氣球，而是緊握在手裡的小石子。希望你也能試著回答這個問題。為了回答這個問題，你可以暫時放下這本書，**試著描述看看六十歲的**

你是什麼樣子吧。

我先來說說我的六十歲吧。

一個大房間裡，有一張大桌子，這張桌子是我從二十歲開始用到現在的原木桌。二十多歲的我選擇與這張桌子共度一生，六十歲的我肯定也坐在這張桌子前埋首努力。桌子前有一扇大窗戶，窗外有一棵大樹。樹木完全遮蔽了陽光，因此即便是下午，房間內依然相當昏暗。這是我一直以來所偏好的亮度。桌上堆滿了書，桌子後面、旁邊也都是書。在書、桌子、窗戶與樹木環繞之下，我坐在其中，振筆疾書。我努力想像自己在寫的東西，但目前的我還不能確定內容究竟是什麼。我想我或許是在寫些微不足道的記錄，但如果是在寫我自己喜歡的文章，那也真是別無所求了。我老公在隔壁房間。

每次我認真描述夢想中的畫面時，但說到最後一句話，人們總會咯咯笑出來。那個笑像是在說「一點都不意外」。這樣的描述會讓大家發現，我就像一般的中年婦女一樣，刻意不想跟先生待在同一個空間。我會跟著大家一起笑，不特別解釋，因為我不需要在眾人面前為自己的夢想做繁瑣的解析。

其實最後一句話有其他含意，那代表我希望能有屬於自己的房間，可以在其中埋首於我喜歡的事。這時，老公必須在隔壁房間的理由也變明確了。我希望他也能有屬於自己的房間，並在其中埋首於他喜歡的事。只不過我們必須在相鄰的兩個房間，這樣才能立刻見到彼此。我們可以一起喝茶、喝酒、聊天，看我們喜歡的東西，共度美好的時光。為了共度美好時光，前提是必須要「好好度過各自的時光」，這一點我們早已爛熟於心。

我把這個夢緊握在手中珍藏了多久呢？試著回溯最早開始擁有這個夢想的時間點，似乎是在三十二歲左右。當時有人問我這個問題，我便不假思索地描繪出這個畫面。既然能這麼篤定，那我想必是在此之前便有了這個夢想，只是那一天我把它說出口了。因此從那一天起，它便不再是遙不可及的氣球，而是觸手可及的小石子。

你也具體想像過自己六十歲時的模樣嗎？那我建議你，一定要用文字寫下來。如果你不擅長寫字，就說給你最親近的人聽。這是為了將你的夢想更具體地帶進這個世界。這就結束了嗎？不，現在才是開始。從現在起，你必須剖析這個想像，讓它成為你最牢靠的指南針。

剖析脈絡

想像的畫面裡你在做什麼呢？像我一樣在寫作嗎？還是在創作什麼呢？你現在的興趣依然維持到那個時候嗎？你可能在打理庭院，也可能跟家人朋友聚在一起度過愉快的時光。無論如何都很棒。只不過，你必須檢視一下這個行為的脈絡。

舉例說明，很多人都會說他們想像自己的六十歲應該是正在旅行。「六十多歲的我慵懶地坐在海邊」這個畫面，其實存在很多不同的脈絡。為了來到這片海灘，你在出發前是否瘋狂處理了大量的工作？還是已經退休，在這裡待了兩個月？兩者都是「六十歲的我慵懶地坐在海邊」，但只要稍稍更改前後的脈絡，夢想就會跟著改變。有些人夢想自己即使六十歲了，依然在職場上認真工作；有些人則希望自己到了那時，能夠遠離這些世事。

再來看另一個例子吧。有些人想像自己的六十歲正在做木工。一直對木工懷抱夢想的你，六十歲時是否正在學習木工呢？還是在年輕時就每個週末都去上木工課，到了六十歲已經能做一些小小的木工藝品出來賣了？或者你跟我在某次旅行中遇到的老爺爺一樣，上午務農、下午做木工呢？

剖析隱藏在一個場景裡的脈絡為何如此重要？因為你必須要掌握這些脈絡，才能更具體地掌握自己必須為了六十歲的人生做些什麼。如果六十歲的你，希望能以自己的名字販售一些小木工藝品，那你應該現在立刻開始培養這項興趣。如果六十歲的你希望把木工當成興趣，不想再做其他事，那就應該開始讓自己具備屆時能達成目標的條件。這是誰該做的事？是你。該從什麼時候開始？就從現在開始。

剖析關係

仔細看看你的想像中有誰也非常重要。就像前面說的，我的想像中，老公就在我的隔壁房間。那在你的想像中有誰呢？假設你現在想像自己坐在餐桌前，桌上是一頓能刊登在時尚生活雜誌上的晚餐。你是想像自己跟聊得來的朋友一起坐在桌邊嗎？是你的老朋友嗎？還是你們組成了一個生活共同體，像家人一樣生活在一起呢？

你也有可能想像自己跟家人一起坐在餐桌邊。到了那個時候，孩子們還跟你住在一起嗎？還是他們一到二十歲就搬出去了？畫面中登場的人物，可能會因為各自的狀況而有所不同，當然也可能根本沒有任何人，這都是正常的。

試著剖析未來那個畫面裡的人際關係，就能明白對你來說最重要的人是誰。即使你們現在的關係不那麼緊密，但只要你希望能跟他在一起，他就會出現在你的想像裡。或許你跟你的伴侶現在不怎麼說話，但在遙遠未來的想像當中，他可能是跟你最合得來的旅伴。現在的你或許基於某些不可抗力的因素，無法離開自己的原生家庭。但在想像裡你或許會搬離家中，還會有一個能讓你感到舒適的人陪伴。也就是說，你認為最重要的人際關係，都會完整呈現在這個想像裡。

不過冷淡了一輩子的伴侶，當然不可能一下子就變得無話不談。你跟朋友也不可能原本相距遙遠，等年紀大了才突然說要生活在一起。還有，你跟自己的關係呢？你必須經常花時間檢視自己想要什麼，才有可能在獨處時過得自在。所有的人際關係都需要努力。我們需要花時間培養感情、必須要有足夠的機會了解對方的為人。輕易認定家人就一定會待在自己身邊，那可能是你的錯覺。所以為了想像中的那段關係、為了你認為最重要的那個人，你必須從現在開始努力。要讓那段關係開花結果，我們之間就必須要有足夠肥沃的土壤。

剖析路徑

有了具體的想像後，接下來就試著具體規劃出完成想像的路徑。我說的不是突然辭職去開咖啡廳，或到鄉下買棟房子這種事。而是如果你期待自己未來能有某些興趣，那應該從現在開始找時間去嘗試。也可以跟朋友組織同好會，這對培養興趣很有幫助。如果你想跟誰一起實現夢想，那最好把這個夢想具體告訴對方。還有，我認為，我們也需要替夢想規劃一定的預算。更重要的是，我強烈建議各位要從現在開始，一點一滴去實現那個夢想。你要試著讓這艘名叫現實的船，慢慢往你未來的方向駛去。

以我個人的情況來舉例，我決定不要繼續拖延渴望擁有個人房間的夢想。但就算我做了這個決定，天上也不會突然掉下一個房間給我。因此我在衣帽間的入口處放了一張很小的桌子，並宣告說我從現在開始要在這裡寫作。此刻我也是坐在這張桌前寫下這篇文章。椅子後面就是衣櫃，桌子左邊是門，右邊則是吸塵器跟各種雜物。為了不讓自己的注意力被雜亂的環境分散，我總是只開一盞立燈。

你可能會覺得寬敞的客廳有大書桌不用，我何必擠在這樣一個小小的角落裡？但奇怪的是，在這個地方所度過的時間反而更讓我安心。在這裡，我能夠把時間捏成我理想的樣子。如果真要說這空間有多大，大概就一坪左右，卻是最適合我的一坪。在這一坪裡面，我活在我想要的未來之中，盡情感受著這份喜悅。那是一份完整且純粹的喜悅。

只是要大家想像一下自己六十歲的樣子，不知不覺卻說了這麼多。不過，那個畫面會替你的工作、下班後的時間、個人興趣、與家人的對話、跟朋友的關係，更重要的是，替你跟你自己的關係做出指引。它會引領你的未來，一點一點往你理想的方向前進。雖然我對任何事都缺乏十足的信心，但唯有這件事，我堅信不移。

作者、譯者介紹

作者——金歐澈 김민철

雖然名字很像男人，卻是個貨真價實的女人；雖然背不起任何一句文案，但確實是個廣告文案人。因為一直有在上班，後來就獲得了創意總監這個稱謂。目前為廣告公司TBWA的創意總監，曾為SK電信、NAVER、LG電子等公司製作廣告。

經常讀書，有時寫字，總是想要去旅行。另著有《不只是遠方，把每一天過成一趟旅行》。

譯者——陳品芳

政大韓文系畢，韓中專職譯者。在譯界耕耘多年，領域橫跨書籍、影劇與遊戲等。譯作曾入圍「第一屆臺灣年度優秀韓國翻譯圖書獎」、入選文化部第45次「中小學生讀物選介」。譯有《不便利的便利店》系列、《剝削首爾》、《不只是遠方，把每一天過成一趟旅行》等。

不辭職也能快樂！ 20 年上班族不當厭世社畜，升級理想人生的工作法／金敃澈（김민철） 著．陳品芳 譯．-- 初版．– 臺北市：時報文化，2025.4；208 面；14.8╳21 公分．--（Life；065）
譯自：내 일로 건너가는 법
ISBN 978-626-419-351-1（平裝）

1.CST: 職場成功法

494.35 114002960

ISBN 978-626-419-351-1
Printed in Taiwan.

Life 065
不辭職也能快樂！ 20 年上班族不當厭世社畜，升級理想人生的工作法

내 일로 건너가는 법

作者 金敃澈｜**譯者** 陳品芳｜**主編** 尹蘊雯｜**執行企畫** 吳美瑤｜**封面與內頁插圖** Illustrations Hong Se Jin｜**封面設計** FE 設計｜**副總編輯** 邱憶伶｜**董事長** 趙政岷｜**出版者** 時報文化出版企業股份有限公司 108019 臺北市和平西路三段 240 號 3 樓 發行專線—（02）2306-6842 讀者服務專線—0800-231-705．（02）2304-7103 讀者服務傳真—（02）2304-6858 郵撥—19344724 時報文化出版公司 信箱—10899 臺北華江橋郵局第 99 信箱 時報悅讀網—www.readingtimes.com.tw 電子郵件信箱—newlife@readingtimes.com.tw｜**法律顧問** 理律法律事務所 陳長文律師、李念祖律師｜**印刷** 華展印刷有限公司｜**初版一刷** 2025 年 4 月 18 日｜**定價** 新臺幣 480 元｜（缺頁或破損的書，請寄回更換）

時報文化出版公司成立於 1975 年，1999 年股票上櫃公開發行，2008 年脫離中時集團非屬旺中，以「尊重智慧與創意的文化事業」為信念。